电网企业
应急救
典型教案

国网浙江省电力有限公司　编

DIANWANG QIYE
YINGJI JIUYUAN PEIXUN
DIANXING JIAOAN

中国电力出版社
CHINA ELECTRIC POWER PRESS

内 容 提 要

　　本书以国家电网有限公司应急救援基干队伍开展现场勘查、指挥部搭建、供电与照明、通信保障、后勤保障、高空应急救援、紧急救护和灾后心理辅导等八方面的工作为例，指导应急培训教师分析教学重点、难点，设计教学方案，组建教学模块，并按模块对实训前、实训中、实训后的作业准备、任务分工、作业流程、规范要求、注意事项等进行了详细的介绍，对应急救援基干队伍培训教学工作具有指导意义。

图书在版编目（CIP）数据

电网企业应急救援培训典型教案 / 国网浙江省电力有限公司编. —北京：中国电力出版社，2024.3（2024.6 重印）
　ISBN 978-7-5198-5238-2

　Ⅰ. ①电…　Ⅱ. ①国…　Ⅲ. ①电力工业–突发事件–救援–技术培训–教材　Ⅳ. ①TM08

中国版本图书馆 CIP 数据核字（2020）第 257242 号

出版发行：中国电力出版社
地　　址：北京市东城区北京站西街 19 号（邮政编码 100005）
网　　址：http://www.cepp.sgcc.com.cn
责任编辑：吴　冰
责任校对：黄　蓓　于　维
装帧设计：郝晓燕
责任印制：石　雷

印　　刷：三河市万龙印装有限公司
版　　次：2024 年 3 月第一版
印　　次：2024 年 6 月北京第二次印刷
开　　本：710 毫米×1000 毫米　16 开本
印　　张：12.75
字　　数：186 千字
印　　数：3001—4000 册
定　　价：68.00 元

编 委 会

前　言

　　习近平总书记在 2019 年 11 月 29 日中央政治局第十九次集体学习时发表重要讲话，强调要加强应急救援队伍建设，建设一支专常兼备、反应灵敏、作风过硬、本领高强的应急救援队伍。这为电网企业的应急救援队伍建设指明了方向。国家电网有限公司高度重视应急队伍建设，随着国家应急管理体系和治理能力现代化不断深入，新型电力系统建设加速推进，电网企业应急救援基干队伍面临更多变化和更高的要求。

　　为了更好指导应急救援基干队伍建设，国网浙江电力以实践经验为基础，面向应急培训教师和应急救援基干队伍，组织编写了《电网企业应急救援培训典型教案》和《电网企业应急救援处置典型案例》两本应急系列丛书。其中《电网企业应急救援培训典型教案》用以指导电网企业应急培训教师，组建教学知识模块，分析教学重点、难点，设计教学方案，提高教学质量。《电网企业应急救援处置典型案例》总结以往应急救援经验，归纳编成典型案例，指导电网企业应急救援基干队伍开展突发事件应急处置。

　　本系列丛书的编写得到了国网四川电力的大力支持，在此我们表示深深的感谢！我们也欢迎各位读者批评指正，共同完善，为提升电网企业应急救援能力贡献力量！

2023 年 12 月

目 录

第一章　应急救援现场勘查

第一节　应急救援现场勘查概述

一、应急救援现场勘查作用及原则

应急救援现场勘查，是指应急救援人员在接到指令到达突发事件现场后，第一时间对现场进行记录、拍摄、收集证据的过程。现场勘查的目的是科学地确定突发事件的类型、破坏程度和发展趋势，为指挥部分析救援行动的危险性、论证应急救援的可行性和救援复杂度提供全面准确的信息，最终确定是否需要采取救援及救援行动所需要的专业人员力量、救援设备、运输工具等。

应急救援现场勘查是处置突发事件的首要环节，是迅速响应、高效应对、科学救援的重要保障。及时、准确地报告应急救援信息，对快速调动应急资源、科学制定救援方案、提高救援成效、控制事态发展、减少人民群众生命财产损失具有重要意义。应急救援人员进行现场勘查时，应当遵守安全、准确、全面、及时、合法的原则。

（1）安全。应急救援人员进入突发事件现场，首先应确保自己、同伴和其他人员的安全。根据事故性质，确保选配和使用正确、合理的防护设备。当人身安全和设备财产安全、救援进度发生冲突时，首先要保证人身安全。在现场勘查的过程中要严格按照安全生产规程的相关规定做好安全措施。相关人员要做好安全监督工作。

（2）准确。只有客观准确快速报送灾情信息，才能有利于各级救援组织掌握灾情动态和发展趋势，采取积极有效的应对措施，确保人民群众生命财产安全，最大限度地减少灾害损失；有利于回应社会各界关切，营造支持救灾工作的良好氛围。应急救援现场勘查人员只有深入一线核查，才能掌握准备灾情信息。切忌估算上报，使得上报的信息与实际情况不相符，影响下一步救援行动的准确、快速开展。

（3）全面。为了便于应急救援行动的开展，人员、设备、物资、车辆等的合理准备，应急救援现场勘查人员应全面收集灾情信息，应包括但不限于以下信息：事故基本情况，包括事故发生地点、事故企业名称、事故类型，死亡、失联及涉险人数，事故造成的损失及发展趋势，事故现场的交通及通信条件，应急救援所需的人员、设备、物资，事故现场已有的救援人员数量、装备等。

（4）及时。灾情信息报送有很强的时效性。应急救援现场勘查人员要准确把握信息报送时间节点，从严落实突发事件信息报送的时间要求。对较大以上突发事件，要本着快报事实、慎报原因的原则，在规定时限内迅速首报信息，及时向指挥部报告灾情现场信息，杜绝迟报、漏报、误报、瞒报等问题。

（5）合法。随着各种重大事故应急救援工作越来越受到人们的重视，应急救援方面的法律法规逐步完善，以法律法规形式明确各级政府、有关部门、组织和人员在应急管理工作中的职能、权限和义务，协调应急救援工作中国家、企事业单位、社会团体及个人之间的关系，规范有关应急准备、应急响应和应急恢复的各项制度，逐步把应急救援工作纳入法制的轨道。现场勘查行为应符合国家法律、法规、标准和规范的要求。

二、应急救援现场勘查的内容和技术手段

（一）应急救援现场勘查的内容

应急救援勘查人员到达现场后，对受困人员的初步紧急鉴别、救助是最重要的事情，可根据现场条件采取及时有效的处理。同时要根据实际情况和条件对现场做以下四方面的勘查，对现场的勘查要在尽可能短的时间

内完成，以便后继迅速开展救援工作。

1. 现场环境评估

（1）要确认现场周围环境，包括地形、地貌等地理条件，以及周围可以利用的资源。

（2）要确认突发事件现场的范围及规模，包括人员伤害的数量和程度，公共设施及环境破坏程度，现场需要哪种类型的救援，救援所需的人员、设备、物资，防护装备及后勤保障。

（3）要确认进入、撤出现场的最佳途径，突发事件现场多混乱不堪、一片狼藉，使救援工作无从下手，严重影响救援进程，因此必须选择进出现场的最佳途径，以及该路径通行类型（大型车辆、小型车辆、人员通行、人员需借助攀登器具等）。

（4）要确认现场通信条件，确保信息传递畅通无阻，在突发事件现场，种种客观原因可能导致通信信息传递不畅而影响到救援指令、信息的传送，要了解现场移动信号是否畅通，或需使用其他通信工具，让指挥部做好必要的准备，保证救援指令上通下达。

（5）要确认事故的发展趋势，是否存在继续造成人员伤害的危险因素。

2. 伤病人员评估

突发事件发生后对人员伤病情况评估是第一位的，必须迅速做出大致的评估，尽快了解情况。伤病人员的现场检伤分类包括：① 受伤人数统计；② 将伤病人员情况分类，一般分为轻、中、重、危重、死亡；③ 致伤致病原因分析，如外伤、中毒、骨折、组织损伤等，判断是闭合伤还是开放伤；④ 受伤部位分析，如体表、内脏、头颅、躯干、肢体等；⑤ 判断是否存在再次致伤致病的因素，伤病人员生命体征是否稳定，以及抢救的次序均需予以明确。并遵循先重后轻、先救后送、快速稳妥的原则进行现场救援。

3. 安全保障评估

在进行现场救援时，导致意外事件发生的原因可能会对参与救援的人员造成危险，如未完全坍塌的建筑、矿井，倾覆的车体、船体、机体，燃烧未尽的现场，持续中的风暴潮、泥石流，以及未切断的电源、泄漏的煤气管道，都可能对营救人员造成极大的威胁。因此只有有效地确保营救人员的安全，才能有效地营救遇难人员。现实生活中营救人员成为被救者的惨剧时有发生，原因就在于对安全评估不足。必要时，必须采取相应的保护或防范措施。突发事件个人防护必须有的放矢，具有较强的针对性，一般根据不同的现场和任务采取不同的防护措施，所以现场勘查人员应根据现场的具体情况判断救援人员应携带及使用的防护装备，在不能确保救援人员安全的时候应暂停救援人员进入现场。

4. 电力专业评估

作为电力应急救援队伍，保证突发事件现场救援所需电源及照明的供应是重要任务，同时要按重要级别保证医疗、政府、军队、灾民安置点等部门的电力供应，还需要在应急时恢复居民用电，因此应急现场勘查人员还应勘查应急现场需要提供应急电源及应急照明的地点、类型及相应人员；需提供保供电的单位、功率要求、接入方式等；事故现场的电力线路设备受损情况、抢修所需要的设备材料工具等。

（二）应急救援现场勘查的技术手段

应急救援现场勘查的技术手段按记录方式可分为人工记录、拍照摄影记录、无人机记录、载人飞机、卫星等。按信息传送方式可分为卫星通信、数字集群对讲系统、无线单兵系统、4G/5G 通信系统等。按定位方式可分为指南针人工定位、GPS 系统、北斗系统等。

1. 传统勘查技术手段

传统勘查技术手段有人工观察（见图 1-1）、拍照摄影（见图 1-2）等，人工观察更灵活，具有主观能动性；拍照摄影可以更换镜头，可以调整参数，也可以借助各种工具寻找不同的角度（见图 1-3）。

图1-1　实地踏勘

图1-2　输电线路勘查

图 1-3　多角度拍照摄影

2. 无人机勘查

无人机作为航空救援体系中的一员，具有成本低、易操纵、高度灵活性等特点，在空中监视、空中测绘、空中通信、空中喊话、紧急救援、应急照明等领域发挥了越来越重要的作用。开展应急救援现场勘查可以采用远程遥控操作，安全性高，一般不会造成人员伤亡，具备其他应急救援现场勘查技术手段无法比拟的优势（见图 1-4）。

图 1-4　无人机现场勘查平台

由于大多数自然灾害及突发事故现场的环境复杂多变，大型侦察设备难以进入，或者电力杆塔受损后人员登杆塔检查效率很低，再有某些特殊事故现场如火灾现场，环境不可确定性大，搜救人员的人身安全难以得到保障。针对这样的场景，使用无人机进行现场侦察，通过实时图传的影像来对灾害现场做评估，辅助指挥部门的决策，有利于更高效、准确地展开施救任务，减少不必要的损失。

另外，如地震等自然灾害发生时，受灾人员分布较散，大范围内进行精准搜救需要耗费大量人力物力，并且搜救效率不高。而无人机凭借其机动灵活的特点，可以在灾难发生后或者事故时第一时间部署，形成空中搜救网络体系。另外，通过搭载红外夜视仪和生命探测仪等特殊设备，可以实现在极端和黑夜条件下的搜救任务。

用无人机进行灾害监测拥有诸多技术优势，通过携带航拍载荷，它能在较短的时间内有效获取大范围航空遥感影像，弥补卫星对近地面遥感监测精度不足的缺点。它能够快速、直观、准确地获取近地面影像，特别适合灾害救助应急监测需求；它本身质量轻、体积小、造价和使用费用低、经久耐用、适应性强，具有很好的经济性和实用性。随着技术不断完善，它对飞行要求也越来越低，目前已实现在复杂灾害环境下完成灾害监测任务的能力，部分机型的无人机甚至能在大雨、大雾、6～8级大风等复杂天气条件下完成飞行，也能在复杂地形环境中飞行。飞行高度可以根据实际地形差异和飞行任务要求进行调整，从而航拍到不同比例尺、清晰度的灾区影像，准确、动态监测灾情变化。

当然，该技术应用中也存在一些亟待解决的问题，如空域飞行监管严格、申请难度大、流程复杂且时间长；使用电池的无人机受电池性能限制，航程和续航时间较短，极端恶劣天气和地理条件下（如高原地区）飞行器控制和燃料配制困难；后期影像处理（特别是影像拼接）工作量大，没有较好的智能软件辅助，主要依靠手动单幅影像处理，影响时效性等，这些都是未来无人机现场勘查技术要重点研究和解决的。

第二节　应急救援现场勘查教学知识模块

一、应急救援路径勘查教学模块

应急救援路径勘查教学内容以开展野外路径勘查和定位培训和教学作

为教学案例。针对应急救援基干队伍开展应急救援路径勘查所必须具备的知识、技能进行课程设计。

（一）教学内容及要求

一组学员在组长的带领指挥下，按照预定分工首先开展现场路径勘查定位工作。要求在规定时间内在地形图上将适合应急救援队伍进入、撤出突发事件现场的路径标识出来。要求学员熟练掌握地形图、GPS 的使用，找到合理通过因突发事件造成堵塞的路径并准确在地形图上标识出来。

（二）注意事项

勘查小组必须确立一名组长，各成员必须听从组长的领导和指挥。

在应急救援现场勘查时应注意：

（1）是否备有 GPS、指南针及地形图。

（2）是否备有急救包、刀器、点火用具等。

（3）勘查小组必要的储备口粮（食品）的保证程度，在荒漠地区还应包括水的保证程度。

（4）配备必要的通信工具和信号设备。

（5）在特殊条件下是否具备完善的安全防护用品（如绳索、防护眼镜、登山杖、背包等）。

（6）参加勘查的全体人员都要熟知工作路线及规定返回安全地点的期限。

（7）预测天气情况不会导致危险发生。

（8）野外勘查作业途中，不可一人单独行动，遇险路、险情，不得冒险，必须做到"能绕百步远，不走一步险"，耐心寻找安全通道。

（9）小组勘查人员都必须学会正确的登山方法和在冰、雪、陡坡、悬崖、峭壁等危险地段上行进的方法；学会自救、互救的方法与登山装备的使用规则；学会通信联络的方法。

（10）野外勘查应有防虫、防蛇袭扰的措施，佩戴好个人防护用品。

二、无人机现场勘查教学模块

突发事件无人机现场勘查能在较短的时间内有效获取大范围航空遥感

影像，在前几年的灾害救助过程中取得了良好的应用效果。以开展无人机对受损配电线路勘查为内容作为教学案例。针对应急救援基干队伍开展无人机现场勘查所必须具备的知识、技能进行课程设计。

（一）教学内容及要求

教学内容：

（1）无人机勘查小组选择合适的地点作为无人机操作区和起飞降落点。

（2）申请工作，获得小组组长许可后履行工作单手续，展开小型多旋翼无人机，完成作业准备工作。

（3）在操作区将无人机从指定起降点起飞，按预先规划路线进入受损线段开展巡检作业，作业完成后按规划路线返回起降点。

（4）小组组长许可后，操作员至指定地点将本次作业影像资料拷贝至电脑。

（5）获得小组组长许可后，操作员开始缺陷判定工作，在拍摄的影像中对缺陷进行标识，对影像文件进行重命名，随后将该影像文件传送至指挥部。

要求：

（1）巡检作业规范性，主要考查作业现场勘查、工作票履行、人员分工、航前检查。

（2）巡检路径的合理性，现场巡检路径规划应包括受损线路的全景及应巡视的全部杆塔线路，不能遗漏也尽量不要重复。

（3）飞行稳定性，主要考查作业人员的无人机平稳飞行操控能力及职责履行情况。

（4）缺陷图像判定，主要考查缺陷发现能力、影像缺陷判别能力和命名规范性。缺陷标识应清晰准确地反映缺陷情况；影像文件命名应准确描述缺陷位置和类型，影像文件命名格式为"线路名称、杆号、缺陷位置和类型"，如"某某线路 3 号塔 A 相大号侧右串导线数进第 2 片绝缘子自爆"。

（二）注意事项

1. 现场勘查、履行工作单手续、人员分工

无人机勘查应填写无人机巡检作业工作票（见图 1-5）并经审核许可；

无人机起飞前应核对勘查线段、杆号；组长宣读主要安全措施或危险点告知、工作顺序、现场分工。

架空输电线路无人机巡检作业工作单

单位：	编号：
1. 工作负责人：	工作许可人：
2. 工作班： 工作班成员（不包括工作负责人）：	
3. 作业性质： 小型无人直升机巡检作业（　　　）　　　　应急巡检作业（　　　）	
4. 无人机巡检系统型号及组成：	
5. 使用空域范围	
6. 工作任务	
7. 安全措施（必要时可附页绘图说明）： 7.1　飞行巡检安全措施： 7.2　安全策略： 7.3　其他安全措施和注意事项： 7.4　上述1～6项由工作负责人　　　　　　根据工作任务布置人　　　　　　　　　　的布置填写。	
8. 许可方式及时间 许可方式： 许可时间：　　年　月　日　时　分至　　年　月　日　时　分	
9. 作业情况 　　作业自　　年　月　日　时　分开始，至　　年　月　日　时　分，无人机巡检系统撤收完毕，现场清理完毕，作业结束。 　　工作负责人于　　年　月　日　时　分向工作许可人　　用　　方式汇报。 　　无人机巡检系统状况：	
工作负责人（签名）　　　　　　　　　　　　工作许可人	
填写时间：　　年　月　日　时　分	

图1-5　无人机巡检作业工作票

2. 无人机展开、航前检查

无人机及配件应整齐摆放；使用电池前应校验电池电量；起飞前确认现场气象条件（风速、是否雷雨天）并向工作负责人汇报；起飞前应进行无人机功能自检（电池电压、遥控遥测和导航定位功能）并向工作负责人汇报检查结果。

3. 勘查飞行质量

无人机起飞、降落时机身抖动幅度应无明显过大；无人机应按规划路线进入勘查作业场地；无人机飞行姿态应无明显不稳、飞行速度应无明显过快；无人机不能进入非勘查线段或杆塔作业；操控手应始终掌控遥控手柄（且处于备用状态），按照程控手指令进行操作，操作完毕后应向程控手汇报操作结果；程控手应始终注意观察无人机发动机或电机转速、电池电压、航向、飞行姿态等遥测参数，如出现异常时应及时采取应对措施；工作负责人应对工作班成员的操作、安全进行监护，及时纠正不安全的行为；作业过程中人员不能离开指定操作区；无人机最后应按规定路线返回指定降落点。

4. 缺陷图像判定质量

飞行中拍摄的影像资料文件命名与影像中反映的缺陷情况应一致；标识缺陷的影像应清晰，对缺陷情况标识应正确，能辨别缺陷情况；影像文件命名格式符合规定要求。

第三节　应急救援现场勘查典型教学方案

一、应急救援现场勘查典型教学方案

（一）教学目标

通过培训和训练，使应急救援基干队员了解应急救援现场勘查知识，掌握专业的应急救援现场勘查技术技能。旨在通过培训让应急救援基干队员从事该项工作更具科学、高效、安全、规范性，从而使队员的整体能力得到进一步提升。

（二）教学重点

应急救援现场勘查，包括野外定向知识、地形图应用、GPS 应用、路径勘查、应急现场危险源判断、应急照明和应急电源的确定、应急指挥部及应急营地的确定，配电线路故障判断、应急通信、无人机操作等关键技能的操作步骤流程、规范要求及注意事项。达到能够互相协调配合完成应急救援现场勘查的目标。

（三）教学难点

（1）应急救援队员需熟练掌握地形图、GPS 应用及现场测绘技能（见图1－6）。

图1－6　应用 GPS 进行现场测绘

（2）应急现场危险源判断模拟现场较难实现，可以按地质灾害、台风、化工厂爆炸等分类做成卡牌，由应急救援队员抽签后将危险源类别、防范措施、所需要的防护装备等填写在应急救援现场勘查单上。

（3）应急救援现场勘查人员应掌握根据现场实际需要及现场运输条件选择合适的应急照明灯具及应急电源种类（见图1－7）。

图1－7　夜间勘查应急照明

（4）应急救援现场勘查人员应熟练掌握配电线路抢修知识，根据现场配电线路损坏情况列出抢修所需的材料和设备清单。

（5）应急救援现场勘查人员应熟练掌握应急通信知识，能根据现场通信情况选择合适的通信方式将现场勘查单传送至指挥部。

（6）应急救援现场勘查争分夺秒，必须在最短的时间内将准确全面的信息传送至指挥部。

（四）学时分配

应急救援现场勘查学时分配表见表 1-1。

表 1-1　　　　　　　　　　应急救援现场勘查学时分配表

序号	教学内容	学时
1	对前往应急救援路径进行勘查记录	3
2	对现场情况及危险源进行判断记录	3
3	对现场所需应急照明、应急电源设备及其他物资进行勘查记录	2
4	对电力线路设备损失情况进行勘查记录	2
5	使用无人机对现场进行勘查记录	2
6	将所收集到的信息发送至指挥部	2

（五）实训前准备

应急救援现场勘查培训模拟某地发生突发事件，需应急救援队员前往现场勘查，为后方指挥部提供准确的突发事件现场第一手信息。

1. 教学场地环境

模拟突发事件现场，包括模拟配电线路、搭建应急指挥部及应急营地的场地，前往模拟突发事件现场的路径比较复杂。

2. 学员条件

应急救援基干队员 4~6 人，具备一定户外定向知识、现场勘查知识、技能并有较好的体能。

3. 设施设备、材料、工器具（见表 1-2）

应急救援现场勘查设备、材料、工器具表见表 1-2。

表 1-2　　　　　　应急救援现场勘查设备、材料、工器具表

序号	物品名称	单位	数量	备注
1	地形图	张	1	突发事件现场附近的地形图
2	笔记本电脑	台	1	
3	GPS 定位仪	台	2	
4	安全帽	顶	5	蓝色 4 顶，黄色 1 顶
5	背包	个	5	15～30L 小背包
6	工作负责人背心	件	1	反光背心
7	模拟配电线路	条	1	模拟故障配电线路
8	对讲机	个	5	
9	无人机	架	1	
10	应急通信设备	套	1	用于在无 4G 信号的情况下将现场信息发送至指挥部
11	模拟现场情况及危险源的卡牌	套	1	用于现场勘查人员抽签
12	现场勘查单	份	1	用于记录现场勘查情况

（六）实训流程

1. 班前会

实训前培训师组织召开班前会进行"三交三查"，进行培训任务交底、安全交底、措施交底，检查设施设备及工器具、检查人员着装、检查人员身体状况是否符合要求。确认每一位学员知晓"三交"内容，确认"三查"内容符合要求，学员在《安全卡》上签字确认。

"三交"。任务交底：向学员明确交代工作任务（作业内容）、作业流程、作业范围、作业方法要求及人员分工等；安全交底：向全体学员明确交代安全注意事项、危险点；措施交底：对危险点进行分析，对可能出现的危险情况落实预控措施，并向学员交底。

"三查"。培训师会同学员检查现场作业条件是否符合作业要求，安全防护措施是否正确完备；检查确认现场装备、工器具及材料是否满足作业需要；全体人员身体状况良好，正确佩戴安全防护用品，着装符合要求。

2. 作业步骤总体流程

应急救援现场勘查总体可以分为六个步骤：① 对前往应急救援现场的路径进行勘查记录；② 对现场情况及危险源进行判断记录；③ 对现场所需救援装备、应急照明、应急电源设备及其他物资进行勘查记录；④ 对电力线路设备进行勘查记录；⑤ 使用无人机对现场进行勘查记录；⑥ 将所收集到的信息发送至指挥部。其中第③、④、⑤ 项一般可根据现场勘查人员数量分组进行，从安全上考虑，每组不得少于三人。

（七）关键教学技术方法

1. 对前往应急救援路径进行勘查记录

前往应急救援的道路可能受到地质灾害、台风等破坏或阻塞，应急救援现场勘查人员应熟练掌握等高线、比例尺、参照物等知识，使用指南针、GPS 等设备，在地形图上标注可能通行的道路，并将道路区分为可通行大型运输车辆、可通行小型运输车辆、可徒步行走、需使用水上交通工具等类型。

2. 对现场情况及危险源进行判断记录

对突发事件现场及危险源的模拟比较困难，可将现场情况及危险源按地震、塌方、洪水、泥石流、火灾、化工厂爆炸、台风、电力设备突发事件等各类情况进行分类，说明受灾范围、人员伤亡、财产损失并制作成卡牌。由现场勘查人员抽取后在现场勘查单上填写突发事件现场情况及应急救援所需的人员设备物资及防护装备。

3. 对现场所需应急照明、应急电源设备及其他物资进行勘查记录

根据突发事件现场需提供照明的范围大小、亮度要求、时间长短，需要提供应急电源的点位、功率大小，以及到达现场的交通运输条件、现场电源情况等选择应急照明车、大型照明灯具、小型照明灯具、应急发电车、发电机等设备的品类和所需数量，及相配套的开关、导线等物资。

4. 对电力线路设备损失情况进行勘查记录

现场勘查人员要勘查模拟现场电力线路损坏的情况，记录损坏线路的名称、损坏电力线路设备所在的位置、杆号牌、损坏设备的类型、数量以及抢修线路所需要的设备器材。对电力线路设备的现场勘查可以根据勘查

人数采取一组或分组勘查，勘查要仔细精确，对所需设备器材的型号要记录完整，如电杆长度、导线型号、金具型号等，必要时可以拍摄设备照片传送给指挥部以供准备抢修物资。

5. 使用无人机对现场进行勘查记录

根据应急现场无人机勘查所涉及的技术范围，可以将该技术应用分成任务规划、飞行控制、影像处理、综合分析和数据管理五部分，其中：任务规划负责确定勘查范围、勘查目标、飞行环境和飞行参数；飞行控制负责安全航拍采集影像遥感资料；影像处理负责对采集到的影像遥感资料进行技术处理、有效关联和全景拼接；综合分析负责对处理后的影像遥感资料进行判读、定性或定量地描述勘查结果；数据管理负责分类存放各类影像遥感资料，形成资料库并发送至指挥部。本项目主要培训学员对应急现场勘查作业任务的合理规划和实际作业能力。一般由 2～3 名学员组成勘查小组（包括 1 名工作负责人、1 名飞手、1 名程控员），在规定时间内按照标准化工作要求，完成指定线路杆塔精细化巡检，查找缺陷并做好记录。教练根据各组操作规范性、缺陷发现数量和缺陷判定准确性进行培训。

应急救援因其突发性和急迫性，需要夜间勘查的情况很多，因此夜间无人机现场勘查具体培训方法如下：

（1）夜间无人机现场勘查工作飞行操作手 2 人，工作负责人 1 人（兼安全监护人员）。

（2）操作时间：30 分钟。

（3）以使用 1 台大疆"御"Mavic 2 变焦版无人机＋1 台照明无人机，查找模拟配电线路上十处故障为例。三人小组到达现场后，首先签发无人机工作票。在队内指挥的引导下，1 号飞手操作照明无人机为夜晚故障抢修提供光照条件，2 号飞手操作拍摄无人机在配电线路上寻找拍摄共 10 个故障点二维码，飞行完毕后，上交数据卡，由教练通过手机 App 识别二维码密钥，根据二维码有效性进行评分。此项目主要考查参训队员团队在无人机巡检作业中的协作配合能力和娴熟程度。依据配合准备工作、指挥流畅程度和完成时间进行综合评判，评分标准如表 1－3 所示。

表 1－3   团队协同夜间故障查巡评分标准

姓名		编号		单位	
操作时间		时　分—	时　分	累计用时	分
说明	统一使用大疆"御"Mavic 2 变焦版或者御系列和照明无人机。团体技能操作项目主要考查参赛队伍对巡检作业任务的合理规划和实际作业能力				

评分标准

序号	项目	要求	分值	评分标准	扣分理由	得分
1	文明作业	工作服、绝缘鞋、安全帽等穿戴正确	5	工作服、绝缘鞋、安全帽等未穿戴正确,每项扣1分		
2	无人机起飞前准备	（1）确认遥控器开启、天线展开、电量、摇杆模式；（2）先接通遥控器电源,再接通飞行器电源；（3）确认飞行器桨叶安全牢固；（4）确认电池电量充足,并安装到位；（5）打开 DJI GO App 确认飞行器状态正常	5	（1）模式处于其余挡（遥控/GPS）天线未展开、摇杆模式未确认 扣2分；（2）顺序错误每项扣2分；（3）机臂旋钮未扣紧、桨叶未展开扣1分；（4）未确认电量即开机扣1分；（5）飞行器前后端各项指标未进行检查扣4分		
3	无人机巡检飞行质量	查找拍摄10个有效二维码	60	每有效识别1个二维码得6分		
4	无人机回收	飞行器在指定位置平稳降落；按照开启的相反顺序回收飞行器	10	未降落到指定地点扣10分		
5	操作时间	操作时间用时25分钟	20	25分钟内完成不扣分；每超时15秒扣1分,总分20分		
合计得分						

裁判员签字：　　　　　　　　　　　　　　　　　　　　　年　　月　　日

备注：① 每项分数扣完为止,不产生负分；② 飞行器意外坠落该项科目不得分

第二章　应急救援现场指挥部搭建

第一节　应急救援现场指挥部概述

一、应急救援现场指挥部的作用

在发生重大自然灾害或事故灾难等突发事件后，在对突发事件的救援、处置、灾后重建等相关工作中，应急救援现场指挥部发挥着重要作用，是指挥中心了解现场情况，准确判断灾情，实现靠前指挥，进行信息上传下达的重要场所，是救援力量深入一线开展救援的有效保障。突发事件发生后，为了最大限度地减少人员伤亡、财产损失，需要应急救援人员第一时间抵达突发事件现场，搭建起应急救援现场指挥部（见图2-1），收集汇总现场第一手资料，在救援现场指挥部进行分析判断并上报指挥中心，根据现场情况第一时间做出决策或根据指挥中心统一部署，组织指挥开展现场应急处置工作。救援现场指挥部提供的真实信息能够有效支撑后方指挥中心的信息发布工作，做到信息发布及时、客观、全面、准确、权威，从而正确引导舆论，最大限度地避免、缩小和消除因突发事件信息收集不真实、不准确等因素造成的各种负面影响。

应急救援现场指挥部搭建是电力行业应急救援基干队员必须掌握的一门专业技能。电网企业参与突发事件应急救援工作中，应急救援基干队员在第一时间抵达救援现场，在最短的时间内搭建起电力应急救援现场指挥部（包括应急队员生活休息帐篷、医疗安置点帐篷、物资仓储区帐篷等），可以为电力抢险前方指挥人员、工作人员、救援队伍开展灾情收集、决策指挥、会议办公、信息报送、生活起居以及物资仓储等提供场所保障，为进一步抢险救灾创造条件，打下基础（见图2-2）。

图2-1 应急救援现场指挥部

图2-2 电力应急救援现场指挥部

二、应急救援现场指挥部构成及配套设施介绍

（一）应急救援现场指挥部的构成

应急救援现场指挥部是救援现场工作、生活、医疗、仓储的综合性构成。指挥部营区帐篷按功能不同，一般可分为指挥部帐篷、住宿区帐篷、医疗急救区帐篷、生活保障区帐篷、生活卫生区帐篷、燃料区帐篷、紧急救灾设备存放区帐篷、人员暂住区帐篷等（见图2-3）。

图2-3　应急救援现场指挥部营区

（二）应急救援现场指挥部帐篷

指挥部帐篷由于工作的特殊性，对于帐篷的强度、防水、防风以及内部空间等都有较高的要求。帐篷面料多用帆布做成，连同支撑用物件，可随时拆下转移。指挥帐篷属于帆布帐篷的一种，一般由内外帐、帐篷撑杆及防风绳、地钉等部件组成。常见的规格有3m×4m、4m×5m、5m×8m（见图2-4）等，因其空间大，主要用于指挥帐篷、野外长期住宿、应急仓库等。

图2-4　常见应急救援指挥部帐篷

（三）应急救援现场指挥部配套设施

应急指挥部配套设施按用途主要可分为指挥部标识、应急供电设施、应急通信设施、指挥部办公设施、生活保障设施等。

1. 指挥部标识

应急指挥部标识是针对应急指挥营地系统内外部环境和场所而进行的形象识别与视觉引导的标识导向系统，它是应急指挥营地的基础性设施，它能帮助应急救援人员或其他人员快速、准确进行空间定位，有效使用应急指挥营地的各种配套设施。应急标识系统是应急指挥营地体系的重要组成部分，也是应急系统中不可或缺的部分。应急指挥部搭建完成后应设置明显的标识，标识一般由金属、塑料、PVC 板、灯光、电子屏幕等制作，按摆放方式可分为悬挂标识、立式标识、地面标识。

2. 指挥部供电网

应急救援现场指挥部供电网是为保障突发事件救援现场指挥部营区办公、夜间照明、救援现场夜间照明等用电需求而搭建的临时供电网。应急救援现场指挥部供电网主要由指挥部供电电源、指挥部外部线路、指挥部内部线路、指挥部营区供电照明等部分组成。应急指挥部供电网设施一般有应急供电电源、应急供电线路、应急照明灯具等。

（1）应急供电电源。现阶段电网企业用于灾害救援和突发事件救援处置现场指挥部应急供电的电源装备主要有各种类型应急发电车（见图 2-5）、应急发电机、应急发电及充电方舱、小型移动电源等。应急救援队员具备应急电源的操作能力是应急救援现场指挥部应急供电保障的关键和基础。

图 2-5　应急发电车

（2）应急供电线路。由于部分灾害或突发事件可能造成通往救援现场的道路中断，大型应急发电车无法直接到达现场为指挥部供电，或由于受救援现场指挥部建设位置特殊性的影响，对指挥部的供电往往需要因地制宜地利用现场的各种条件，在应急电源和指挥部之间搭建外部临时供电线路。主要的方式有：① 就地取材利用现场原有设施、树木、毛竹等支撑物搭建临时架空线路；② 敷设电缆线路，用低压电缆利用各类保护管、移动保护沟槽等或直埋沿地敷设连接应急电源和用电设备进行供电；③ 采用人工快速组立木电杆架设架空线路。开展应急救援现场指挥部外部线路架设，搭建指挥部外部输电网，是保障指挥部内照明、办公等各项用电功能得以实现的前提（见图2-6）。

图2-6 搭建临时架空线路

（3）应急照明。突发事件发生时，正常电源往往发生故障或必须被断开，这时突发事件处置及应急救援现场正常照明全部熄灭，甚至有的现场本身就不存在供电、照明设施。为了有效开展突发事件处置及应急救援，保障人员及财产的安全，以及能够对进行着的生产、工作及时操作和处理，并有效地制止灾害或事故的蔓延，减小损失。这时启用应急照明对包括现场处置救援指挥部在内的一切夜间作业提供照明保障，将对夜间现场处置工作发挥关键作用。由于现场指挥部对照明的特殊需求，随着科技的进步，大型移动照明车、车载（拖挂）照明灯、小（微）型便携作业照明工具（见

图 2-7），以及无人机照明的出现为应急救援现场指挥部照明提供了全方位供选择的空间，大大提高了工作效率和作业安全。

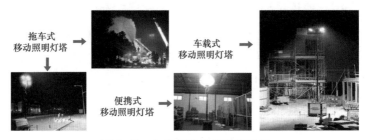

图 2-7　各类便携作业照明工具

3. 应急通信设施

应急通信设施一般有应急通信车或便携式通信基站（见图 2-8）、卫星电话、对讲机等其他通信设施。

图 2-8　应急通信车

现场指挥部通信搭建是应急救援现场指挥部搭建的重要组成部分。在应急救援突发事件现场，往往伴随着通信基础设施建设的损毁，导致灾害现场与外界失去信息联络，从而给灾害信息收集、现场指挥部指挥、救援、重建等工作带来困难。熟练掌握应急救援现场指挥部通信技术是应急救援基干队员的一项重要技能。应急救援基干队伍第一时间抵达灾害现场搭建起现场指挥部，第一时间建立现场指挥部的应急通信，保障灾害现场指挥部与后方应急指挥中心的信息联络具有重大意义。

4. 指挥部办公及生活保障设施

指挥部办公设施主要由桌子、椅子、电脑、打印机、显示器等其他办公用品组成（见图2-9）。

图2-9　指挥部办公设施

生活保障设施主要有餐车、净水器、行军床、睡袋、水壶、保温降温设备等保障基本生活休息的其他设施（见图2-10）。

图2-10　餐车

第二节　应急救援现场指挥部搭建教学知识模块

一、指挥部帐篷搭建教学模块

指挥部帐篷搭建教学内容以开展培训和教学典型的 3m×4m 指挥部搭

建作为教学案例。针对应急救援基干队伍开展应急救援现场指挥部搭建所必须具备的知识、技能进行课程设计。

（一）教学内容及要求

一组学员在组长的带领指挥下，按照预定分工首先开展指挥部帐篷的整体搭建工作。要求指挥营地满足选址适当、结实牢固、防雨防进水等要求，设置标识、防风固定及排水沟。最后开展帐篷内办公配套安装布置工作，完成电视机、计算机、打印机等办公设备的安装，办公桌椅的布置。

（二）注意事项

指挥部搭建主要危险点是防止机械伤害，实训前必须对场地、工器具、学员着装、安全防护用品、精神状况进行检查，交代梁架组装必须放置在地上装配，托起组装易伤人，帐篷拖拉应匀速，不得强拖，支架组装中防止手指划伤；帐篷托起支架就位时和组装时，需统一指挥，同步发力，防止碰伤附近队员；由于帐篷梁是活动架，要抓在人字架上，不能抓在活动的横梁上，避免组装时突然滑落伤手或伤手指；顶部拉杆的勾头朝下，紧固的花篮螺栓紧固到位，平面朝上；打锚桩时，不得戴手套，对面不得站人，地锚桩向外侧倾斜30°～45°为宜，深度为桩长的4/5；拉绳紧固统一指挥，同步发力，要对角线同时紧；排水沟开挖时，使用锄头和铁锹的使用轨迹范围内严禁站人。

二、指挥部帐篷内部供电线路敷设教学模块

开展指挥部内部线路敷设，搭建指挥部内部用电网，是保障指挥部内照明、办公等各项用电功能得以实现的前提。教学内容以开展培训和教学典型的3m×4m指挥部内部线路敷设作为教学案例。针对应急救援基干队伍开展指挥部帐篷内部供电线路敷设所必须具备的知识、技能进行课程设计。

（一）教学内容及要求

指挥部帐篷内部供电线路敷设教学模块主要包括用电线路布线、开关插座及灯具安装等内容。要求：工艺接线要求花线与主线连接时，火线与零线不应同处同一绝缘层，接触点应错位。护套线对接时受力须均匀，连

接点应错位。导线连接绝缘损伤处应按规定恢复绝缘，绝缘胶带来回缠绕不少于两次，缠绕时绝缘层重叠 1/2。灯头线相线进开关，相线接入灯头的中间桩柱上，零线接入灯头的外壳桩柱上，配电箱内相线接开关的下桩端，零线接于同个开关的右侧或零线端子上。电源线的红色接配电箱开关出线的相线，黄色带点划线的接保护接地端，蓝线接零线端子或开关的右侧，插座接线为三角形顶端是接保护线柱，左端接相线，右端接零线。

（二）注意事项

接电灯、枕头开关宜采用花线，灯头、枕头开关应采取防坠措施；灯头和开关安装高度必须大于 2.2m，因梁架是金属材料，灯头和开关只能用扎带固定。如采用的是枕头开关，开关距地面高度应满足 $1.8m \pm 0.1m$。拉线开关应固定在牢固的支架或构件上；接线盒控制开关安装应牢固，安装正确，安装高度为 $1.3 \sim 1.5m$，开关进出线必须接于相线（进线接静触头，出线接动触头）。导线与开关接线柱压接紧密，不得裸露导体，压接绝缘层，导线压接方向应正确；用螺栓压紧在线头放入螺栓时必须与螺丝拧紧方向相同（顺时针方向）。灯座固定应牢固，并居中，对地距离不小于 2.5m。

第三节　应急救援现场指挥部搭建典型教学方案

一、指挥部帐篷搭建典型教学方案

（一）教学目标

通过培训和训练，使应急救援基干队员了解应急救援现场指挥部知识，掌握专业的应急救援现场指挥部帐篷搭建技术技能。旨在通过培训让应急救援基干队员从事该项工作更具科学、高效、安全、规范性，从而使队员的整体能力得到进一步提升。

（二）教学重点

指挥部帐篷主体框架拼装，包括人字架的组立、横梁与人字架连接、顶部调整拉杆连接紧固、顶架托起与撑杆连接、帐篷顶布及侧边布的安装、门窗附件安装、拉绳防风固定等关键技能的操作步骤流程、规范要求及注意事项。达到能够互相协调配合完成指挥部帐篷整体框架安装的目标。

（三）教学难点

帐篷顶架托起与撑杆连接、拉绳防风固定两项技能要求学员在统一指挥下互相配合，同步完成。

（四）学时分配

应急救援现场指挥部搭建学时分配见表 2-1。

表 2-1 应急救援现场指挥部搭建学时分配

序号	教学内容	学时
1	平整场地	1
2	材料搬运与准备	1
3	帐篷整体框架搭建	5
4	帐篷附件安装	1

（五）实训前准备

1. 教学场地环境

选取地面平整的草坪或泥地，无尖石碎物，排水便利，无安全隐患，场地尽量平整无凹凸或斜坡，一般坡度不大于 10°。

2. 学员条件

应急救援基干队员 6~9 人，具备一定现场指挥部搭建知识、技能并热爱应急救援事业。

3. 设施设备、材料、工器具

应急救援现场指挥部搭建设备、材料、工器具表见表 2-2。

表 2-2 应急救援现场指挥部搭建设备、材料、工器具表

序号	物品名称	单位	数量	备注
1	3m×4m 框架式班用帐篷	套	1	3m×4m 军用棉质班用框架帐篷
2	计算机	台	1	联想 Windows XP 系统
3	打印机	台	1	HP laserjet 1007
4	安全帽	顶	9	蓝色 9 顶，黄色 1 顶

续表

序号	物品名称	单位	数量	备注
5	铁榔头	把	2	
6	工作负责人背心	件	1	反光背心
7	安全围栏	副	4	30m
8	劳保手套	双	9	
9	防潮垫布（工作布）	张	2	2m×2m
10	铁锹	把	4	
11	锹锄	把	4	
12	桌子	张	2	
13	椅子	个	4	

（六）实训流程

1. 班前会

实训前培训师组织召开班前会进行"三交三查"（见图 2-11），进行培训任务交底、安全交底、措施交底，检查设施设备及工器具、检查人员着装、检查人员身体状况是否符合要求。确认每一位学员知晓"三交"内容，确认"三查"内容符合要求，学员在《安全卡》上签字确认。

图 2-11　班前会"三交三查"

"三交"任务交底：向学员明确交代工作任务（作业内容）、作业流程、作业范围、作业方法要求及人员分工等；安全交底：向全体学员明确交代安全注意事项、危险点；措施交底：对危险点进行分析，对可能出现的危险情况落实预控措施，并向学员交底。

"三查"：培训师会同学员检查现场作业条件是否符合作业要求，安全防护措施是否正确完备；检查确认现场装备、工器具及材料是否满足作业需要；全体人员身体状况良好，正确佩戴安全防护用品，着装符合要求。

2. 作业步骤总体流程

现场指挥部搭建总体可以分为五个步骤：① 进行营地平整、材料运输、装配；② 进行帐篷搭建，小组配合进行；③ 帐篷固定；④ 帐篷排水沟开挖；⑤ 帐篷内办公布置。

（七）关键教学技术方法

1. 平整场地

将已经选择好的场地打扫干净，清除石块、矮灌木等各种不平整、带刺、带尖物的东西，不平的地方可用土填平。如果是一块坡地，坡度不大于 10°，一般都可以作为宿营地。为避免下雨时帐篷被淹，应在篷顶边线正下方挖一条排水沟。由 1、2、3 号作业人员完成。

2. 材料搬运与准备

（1）帐篷运至营地后解开帐篷支架绑带、横梁绑带、拉杆绑带、帐篷布包装袋，取出所有物件，并进行分类摆放，核对是否齐全并做好检查和核对及装配工作。

（2）人字架的摆放根部宜放在一侧撑杆点位置，顶部位置放在帐篷纵向的中心线上按人字架组立后的角度同方向依次摆放；将 6 根横梁在选择好的场地规范合理摆放；将 4 组调整拉杆在选择好的场地规范合理摆放；将 4 根侧面撑杆在选择好的场地规范合理摆放，注意角撑杆插在人字架根部，需要从托起顶架后再从里面抽出；将 1 块顶布和 2 块侧布在选择好的场地规范合理摆放，一般顶布放在组装好的顶架一侧，两块侧布放在顶架的两边，注意提醒有门的侧布放在需要开门这侧；将 8 根锚桩放在帐篷四周规范合理摆放。

3. 帐篷搭建

（1）一切准备工作就绪后工作负责人对人员进行分工；3 人进行人字梁的组装，组装时应平放在地上，在地面上操作不易伤手，人字梁是有方向之分的，注意区分中间、两边的人字梁。中间的梁顶部两面都有架梁的口端，左边的梁口端在右侧，而右边的口端则在左面，注意：人字架的摆放，根部宜放在一侧撑杆点位置，顶部位置放在帐篷纵向的中心线上，按人字架组立后的角度同方向依次摆放。人字梁组装好后 3 人将梁竖起，将梁的顶端处于同一直线上，并分割均匀，1 号人员进行指挥。

（2）4 人将 6 根方梁及 4 套调整拉杆先放置于指定位置，人字梁竖起后先依次装好 6 根梁条，此时帐篷框架呈 4 个区块，4 个人在 4 个区块内装上调节拉杆，安装时要确保所有调整拉杆和花篮螺丝勾头朝下，以免损伤篷布，收紧时要 4 人同时进行，并面对面进行，这样大家有个关照，呼应起来也较方便，如果有一面没有装好拉杆，其他人员就开始收紧调节螺杆就会造成没有装好拉杆的一侧更难以装上（见图 2-12）。

图 2-12 帐篷框架安装

（3）还有 2 人对篷布进行放开，将边布分别打开后放置两侧，要注意边布是有区分的，一侧有门，须将有门的放于进出较方便的一侧或选择好的一侧。帐篷布展开后白色的面要确保不接触地面，保持干净。以上三项操作时同时进行。

（4）帐篷顶布及侧布的安装。选好 2 名个头较小的人蹲在框架内，任务是篷顶布拉过时可稍作托起，防止篷布受损，另外做好顶梁与篷布捆绑，将顶布固定绳与顶部正梁固定，边布的四边绳环穿带固定。4 人打开顶布，拉起篷布匀速前进，将篷布覆盖于梁顶架上，顶布中心线与顶架正梁的中心线重合，两侧的中心点有个拉绳，必须处于正梁顶点，两边各露出 5cm，里面 4 人和外面 4 人配合对两侧的边布进行安装，顶端的边布有两根带，穿进后分别与下侧的带子相穿连，外面的人员主要负责将带穿进，里面的人负责带与带穿接，环环相扣向两边穿，如果边布要掉下来，则可利用顶布与边布的尼龙搭扣相贴，穿带工作完成后，里面 4 人分别出来。安装时，打开窗帘，增加帐篷内的光线，便于室内人员作业，两侧窗户处的边布上翻顶梁两侧拉绳放下待用，帐篷托起支撑后，门窗打开上转后绑扎固定，然后继续里外配合将帐篷布与支架绑扎固定，注意固定绳结全部使用活结。

（5）帐篷托起就位。挑选 6 位相对体力较好的作业人员分别担当帐篷托起就位工作，在工作负责人一声令下，6 人同时发力托起篷架，拔出人字架根部的立柱，插入立柱孔内，使立柱垂直。特别要注意的是 6 人托起时一定要手握人字梁支架，如果托着边梁，梁直接被推出，严重时会散架，耽误时间，还可能发生人员受伤，造成事故（见图 2-13）。

图 2-13　帐篷托起就位

（6）帐篷附件安装。帐篷立起后，里面进去 4 人与外面 4 人配合完成顶布与边布的穿戴和粘合工作，要求帐篷粘合到位、平齐，带头与孔对齐，最后一根带子与方管打结相连，还有两人把门布打开并圈起，把里布（白布）朝里圈，否则白布会变色，及时打开门、窗增强室内光线，方便室内工作（见图 2-14）。

图 2-14　帐篷附件安装

　　室内 4 人继续完成帐篷捆扎和 4 根门柱的安装工作,立柱安装时如遇放不进,不能强顶,须向下挖一个小坑后自然放入,向上强顶会造成横杆脱落。其他人员对帐篷固定打桩和收紧,将 8 根拉绳在帐篷顶布打开后系到 8 个专用的拉环上备用,在拉绳固定锚桩侧做好收紧扣备用（见图 2-15）。

图 2-15　固定锚桩

拉绳收紧时要对角同时收,负责人观察垂直度。地拉桩的要求：8 根锚桩在帐篷 4 个角的桩在角平分线上，距帐篷角约 1.5m 左右，拉绳长度以能固定为宜，尽可能远些，这样受力会更好，桩锚打入深度为桩长的 4/5，倾斜 30°～45°，正好与拉绳垂直。前、后、左、右的四个桩与帐篷垂直，要求与上面相同，门口的桩可设置远些，必要时加长拉绳，这样更便于人员进、出。收紧时对角同时收拉，以免发生帐篷倾斜（见图 2-16）。

图 2-16　拉绳收紧

（7）帐篷排水沟的开挖。帐篷排水沟与帐篷距离为 250～300mm 为宜，排水沟的宽、深均为 200mm，排水沟出口为地形最低处，排水沟挖出的土堆压在帐篷下边布上，应把较大的石块取掉，并将碎土压紧、打平，可防止小动物晚间进入帐篷，也同时起到帐篷的稳定、牢固作用（见图 2-17）。

图 2-17　帐篷排水沟的开挖

（8）帐篷内办公及其配套设施布置。指挥部搭建完成后要对内部办公及其配套设施进行布置。指挥部办公及其配套设施主要由电脑、打印机、显示器、其他办公用品、桌椅和保温降温设备组成。根据指挥部的内部空间以及指挥部人员需要，合理布局办公桌椅。在中间位置将桌椅拼装摆放整齐。电脑、打印机等办公设备组装完成，接好连接数据线摆放在桌子上，并连接电源。大屏显示器连支架组装好摆放在指挥人员坐落正前方，接通电源和输入信号源。指挥部内保温降温设备如空调、冷风机等设施合理放置于指挥部角落，不影响人员工作行走，并接通电源（见图2-18）。

图2-18 帐篷内办公及其配套设施

二、指挥部帐篷内部供电线路敷设教学方案

（一）教学目标

通过培训和训练，使应急救援基干队员掌握专业的现场指挥部内部供电线路敷设技术技能。旨在通过培训提升应急救援基干队员作业的安全性、规范性、工艺标准化。

（二）教学重点

指挥部帐篷内部供电线路敷设作业，重点在于根据指挥部的用电需求布置与之配套的电源和照明。学员需要掌握的重点是配电箱的安装和指挥部帐篷内线路的敷设工艺，安装规范、要求明确，避免杂乱无章。

（三）教学难点

帐篷内开关的安装，进出线必须接于相线（进线接静触头，出线接动触头）；配电箱的接线，满足上进下出，进线必须先过漏电保护器。

（四）学时分配

指挥部帐篷内部供电线路敷设学时分配见表 2-3。

表 2-3　　　　　指挥部帐篷内部供电线路敷设学时分配

序号	教学内容	学时
1	配电箱安装	2
2	配电箱到帐篷布线	2
3	帐篷内布线	3
4	开关的安装	1
5	插座的安装	1
6	灯头的安装	1

（五）实训前准备

1. 教学场地环境

搭建好的指挥部 3m×4m 框架式班用帐篷，帐篷外设置一根木电杆。

2. 学员条件

应急救援基干队员 5 人，具备一定现场指挥部搭建知识、技能并热爱应急救援事业。

3. 设施设备、材料、工器具

指挥部帐篷内部供电线路敷设设备、材料、工器具表见表 2-4。

表 2-4　　　　指挥部帐篷内部供电线路敷设设备、材料、工器具表

序号	物品名称	单位	数量	备注
1	电工个人工具包	套	1	扳手、钢丝钳，一字、十字螺丝刀、尖头钳、斜口钳、电工刀、剥线钳、验电笔、工具包、钳套、绝缘胶带等
2	配电箱	个	1	空气开关、剩余电流动作保护器
3	安全帽	顶	5	
4	护套线	m	30	2 芯、3 芯护套线

序号	物品名称	单位	数量	备注
5	工作负责人背心	件	1	反光背心
6	安全围栏	副	1	30m
7	劳保手套	双	5	
8	防潮垫布 （工作布）	张	1	2m×4m
9	PVC管、PVC弯头、各类接头	套	2	一路照明，一路电源
10	绑扎线、绑扎带、扎丝		若干	
11	梯子	副	1	硬质梯子
12	插座、灯头、灯泡	套	1	螺口式

（六）实训流程

1. 班前会

实训前培训师组织召开班前会进行"三交三查"，进行培训任务交底、安全交底、措施交底，检查设施设备及工器具、检查人员着装、检查人员身体状况是否符合要求。确认每一位学员知晓"三交"内容，确认"三查"内容符合要求，学员在《安全卡》上签字确认。

"三交"任务交底：向学员明确交代工作任务（作业内容）、作业流程、作业范围、作业方法要求及人员分工等；安全交底：向全体学员明确交代安全注意事项、危险点；措施交底：对危险点进行分析，对可能出现的危险情况落实预控措施，并向学员交底。

"三查"：培训师会同学员检查现场作业条件是否符合作业要求，安全防护措施是否正确完备；检查确认现场装备、工器具及材料是否满足作业需要；全体人员身体状况良好，正确佩戴安全防护用品，着装符合要求。

2. 作业步骤总体流程

现场指挥部供电内线敷设步骤总体可以分为 5 个步骤：① 配电箱安装；② 配电箱到帐篷内布线；③ 进行开关的安装；④ 插座的安装；⑤ 灯头的安装。

（七）关键教学技术方法

1. 配电箱安装

配电箱可安装于一根木杆上，箱体底面离地应大于1.2m，用专用的支架安装或用10号或14号铁丝捆绑，箱体应可靠接地，接地桩宜采用ϕ16圆钢，长度大于70cm，一端打尖，一端设置螺孔，打入地下600mm，接地引下线采用多股软铜线与箱体、接地棒可靠连接，发电机的保护接地可借助于接地桩，也可单独设置。帐篷外的配电箱安装及要求与上述相同。开关安装应进行开合试验，接线前开关在分闸位置。并用万用表进行断开和合上的测量试验，确保开关、保护器通、断正常。开关在配电箱内的安装应正确、牢固，严禁损坏开关本体（见图2-19）。

图2-19　配电箱安装

配电箱内进线第一个开关必须装有带剩余电流动作保护器的开关，进线固定于各个开关的上桩头（静触头），出线接于开关下桩头（动触头），相线一般接开关的左端，零线接于右端，相线用红色或黄色，零线用蓝色或黑色，箱内走线要保持横平、竖直，拆弯线头保持长度一致，插入端子的线要折个弯，这样固定后接触会更好，每个线头要插入到位，螺栓要拧紧，导电部分不能外落，套入螺丝钉的导线，线头弯曲应顺时针，上、下要使用垫片，零线端子与保护接地端子要分清，防止接错线，配电箱内接线螺栓应拧紧，接线鼻子的端头方向应与螺栓拧紧方向相同（导线截面积10mm² 及以下），接线端子应与导线压紧、连接可靠（导线截面积 10mm² 以上）。截面积 16mm² 以上导线应使用接线专用端子或接线鼻子。配电箱内外的导线严禁受力，进出配电箱内外的导线应做好防止雨水倒灌入箱内的措施（滴水湾），避免雨水流入配电箱。配电箱安装完成后进行漏电保护试验，并将箱门可靠闭锁。

2. 配电箱到帐篷内布线

（1）PVC管布置：从室外配电箱开始，量取配电箱至地面的长度，并考虑埋入深度和箱内的裕度，截取PVC管，再截取木杆至帐篷的一段PVC管，一端装上90°弯头与引上端相连，帐篷进口装上一个三通管，进入帐篷后用同样的方法截取引上管及至办公桌的PVC管，PVC管长度不够可采用直管连接，各出口端装上一个45°或90°弯头（见图2-20）。

图2-20　配电箱到帐篷内布线

（2）导线展放：分解PVC管和弯头，将电源线和灯头线穿入弯头和PVC管，穿线由室内向室外，灯头线采用1.5m²的二芯护套线，电源线（插座线）采用2.5m²的三芯护套线或三芯多股软铜线。导线穿入后再将PVC管和弯头连接好，电源端和用电侧留有接入开关、插座、灯具的足够长度（见图2-21）。

图2-21　PVC管布线

（3）导线固定：配电箱引下的 PVC 管，在上、下两端与木杆捆绑，沿帐篷内角引上的和沿桌子引上的 PVC 管，至少上、下固定两处，沿地面的 PVC 管挖沟、槽埋入盖好。沿人字梁布置的导线要理顺，不能有扭曲、金勾现象出现，每隔 400～500mm 用扎带绑扎一道，绑扎后多余尾线应剪去（见图 2-22）。

图 2-22　导线固定

3. 开关的安装

首先，分清楚电源相线（L）、零线（N）。安装方法：电源相线→开关进线端接线柱→开关出线端接线柱→灯头中间接线柱→灯头外圈接线柱→电源零线。说明：相线接灯头中间接线柱，是为了防止有人在维修灯泡（或者说更换灯泡）、做清洁时触电，保护人身安全（见图 2-23）。

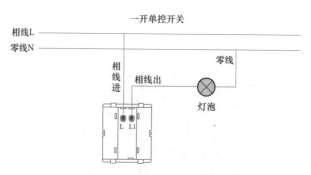

注：示意图中"L"与其他产品中"COM"对应，为同一接口。

图 2-23　开关的安装

4. 插座的安装

首先要分清零线（用 N 表示），相线（用 L 表示）和地线（用 E 表示）。

把电源线的相线接到电源插座上的 L 接口上，插座上的电源线零线直接接到插座的 N 接口上，地线接 E 接口上。注意：插座安装应牢固，安装高度离地面一般在 1.2～1.4m（一般插座高度是和人的肩膀一样高）；无特殊要求的普通电源插座距地面不低于 0.3m。三孔插座 PE 端子接 PEN 线上（见图 2-24）。

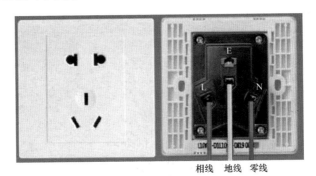

相线　地线　零线

图 2-24　插座的安装

5. 灯头的安装

灯头是灯泡的末端，是光源与外接电源的连接部分，光源通过灯头接电，产生发光现象。光源体主要包括灯珠、灯泡、灯管，其中灯管又包括直灯管和弯灯管。灯珠主要是 LED 灯的光源形式，灯泡一般是白炽灯、荧光灯、卤钨灯等，灯管主要是常见的荧光灯。灯头一般分为卡口式和螺旋式。

用剥线钳剥出 1～2cm 铜线用螺丝刀打开灯头，找到两个线柱，用螺丝刀扭松螺丝，露出两口将线头穿过灯盖孔，连接到灯柱孔中，用螺丝刀扭紧。盖上灯盖扭紧，灯头就接好了（见图 2-25）。

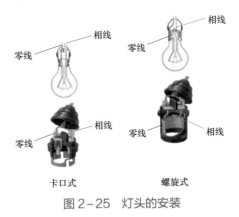

相线

零线　相线

零线　相线

零线　相线

卡口式　　　　螺旋式

图 2-25　灯头的安装

　　以螺旋式灯头接线为例，螺纹部分要求接在零线上，顶部端子接相线。如果接错了，把灯头螺纹部分接在相线上，将开关接在零线上，此时，关闭开关，灯虽不亮，但是灯头仍然带电，有安全隐患，存在触电危险（见图 2-26）。

图 2-26　螺旋式灯头接线

第三章　应急救援现场供电与照明

第一节　应急救援现场供电与照明概述

一、应急救援现场供电与照明的作用

在发生重大自然灾害、安全生产事故、突发公共卫生事件（如地震、冰灾、台风、泥石流、洪水，重大交通事故、火灾事故、矿难事故，重大公共卫生事件）等突发事件时，在突发事件的救援、处置、灾后重建等相关工作中，应急供电、照明起到关键作用，特别在夜间救援整个过程中的应急供电、照明尤为重要，可以说没有电、没有照明"寸步难行"。由于应急处置的特殊性，供电、照明如同空气一样重要，一刻也离不开它，夜间查找故障、人员被困情况、受伤判断、了解受灾情况、开展救援任务、实施救援措施、准确判断灾情，供电、照明起到决定性作用，是救援过程中最大程度减少人员伤亡、财产损失的重要保障。也是电力部门应急基干队伍参与社会各项救援工作能提供的最强武器，在以往的抢险救灾中已得到社会广泛认可。应急救援现场一些发电车，大、中、小型应急照明灯多次发挥了重要作用，得到了政府、应急队伍、民间救援力量的充分肯定和高度赞扬（见图3-1）。

灾害往往造成灾区区域供电中断，电网在短时间内无法快速恢复供电。甚至部分灾害或突发事件救援现场并无电力设施，而救援工作的开展必须夜以继日、分秒必争。在这样的特殊情况下，为有效保障救援现场夜间照

明、现场指挥部营区的临时用电需求，利用发电车、发电机、照明车（灯）以及搭建现场临时配电网开展应急供电保障是决定现场突发事件应急处置能否顺利安全展开的重要保障，也是确保救援工作顺利进行的关键所在。因此，灾害救援和突发事件救援处置现场指挥部应急供电网搭建主要工作内容包括应急发电车、发电机、应急照明车（灯）等供电电源的安装使用和现场临时配电照明网的搭建两部分。

图 3-1　救援现场供电与照明

搭建应急救援现场供电线路和使用应急照明设备（见图 3-2）是救援现场应急供电和照明的一种方式，主要是指在大型发电车、照明车辆无法抵达的区域开展现场应急供电保障时，需要电网企业应急救援基干队伍携带照明灯具、电源、装备、工器具、材料，第一时间赶赴救援现场，为救援现场、指挥部、伤员医疗营救区等重要场所提供持续供电保障，满足救援现场照明、办公等临时用电需求（见图 3-3）。

图 3-2　应急照明设备　　　图 3-3　重要场所供电保障

二、应急救援现场供电与照明类型及配套设施介绍

（一）应急救援现场应急供电、照明的类型及构成

现场应急供电、照明由发电机（发电车）、配电箱、电杆（木杆）、横担、绝缘子、导线（电缆）、接地线（桩）、灯架、灯头、灯泡等构成，一般有以下几种构成方式：

（1）通过便携式小型单相发电机展放临时电缆向应急救援现场提供应急电源，确保救援现场照明。

（2）通过便携式小型单相发电机供电，架设临时低压线路，向应急救援现场或指挥部提供应急电源，确保救援现场照明。

（3）通过便携式小型三相发电机供电，架设临时三相四线低压线路或展放临时电缆，向应急救援现场或指挥部等应急救援提供应急电源，确保救援现场照明。

（4）通过车载式发电车架设临时低压线路或展放临时电缆，向应急救援现场或指挥部等应急救援提供应急电源，确保救援现场照明。

（5）通过车载式发电车带升降照明灯具向应急救援现场或指挥部等应急救援提供应急电源，确保救援现场照明（见图3-4）。

图3-4 车载式照明

（二）现场应急供电与照明的方法

本次教学以在实训现场组立三基木杆、架设两档两线制线路通过发电

机（发电车）向指挥部、应急救援现场进行供电作为典型教学案例介绍。主要有以下几种类型：

（1）便携式小型汽油发电机：有单相发电机和三相发电机，容量一般在2~10kW。可根据现场用电负荷情况和用电设备需求选择，实训时在现场组立三基5~8m的木电杆，架设好绝缘塑铝线，前后三基终端杆安装两个配电箱，向指挥部及应急救援现场进行供电、照明。

（2）应急救援现场用电负荷较大或用电设备较多，距离道路较远，宜采用发电车进行供电和提供照明，发电车至救援现场利用现场电杆架设四线制低压临时线路或展放低压电缆，安装配电箱，向救援现场提供供电、照明（见图3-5）。

图3-5 利用现场电杆架设临时线路

（3）利用发电照明车向救援现场进行供电、照明。大功率的发电车不仅有高杆灯（见图3-6）全方位向四周提供照明，而且能提供三相电源，小功率的发电照明车除带有升降杆提供照明，还配有提供单相电源的作用，如需要向远处进行供电、照明时，利用木电杆架设二线或四线制低压临时线路或展放低压电缆，安装配电箱，向救援现场提供供电、照明。

图 3-6　车载式全方位高杆灯

第二节　应急救援现场供电与照明教学知识模块

一、应急救援现场供电与照明教学模块

应急救援现场供电与照明教学内容以开展培训和教学典型的"应急救援现场低压照明网搭建"作为典型教学案例介绍。通过组立 3 基 5～8m 木电杆，架设两档 25mm² 塑铝线，在前后两基终端杆安装配电箱，通过配电向指挥部提供电源、照明作为典型教学案例。针对应急救援基干队伍开展应急救援现场供电、照明网搭建所必须具备的知识、技能进行课程设计和培训教学（见图 3-7）。

图 3-7　实训前准备

（一）应急救援现场低压照明网搭建的内容和要求

工作负责人（组长）在实训前进行工作任务交待（见图3-8），提出实训中有哪几个危险点，明确危险点需落实的安全措施、防范措施及其他安全注意事项，对学员进行工作任务分工，明确小组负责人，确定专职监护人。学员在组长的带领指挥下，按照预定分工首先开展电杆定位、材料运输、杆洞开挖、电杆组立、横担绝缘子安装、导线架设、配电箱安装、发电机就位、搭接等工作。要求应急救援现场低压照明网搭建施工质量满足低压线路设计及验收规范，最后启动发电机，逐级向负荷侧供电和开启照明设备，发电机和配电箱要做好保护接地措施，发电机设置围栏，派专人看守，确保安全可靠供电、照明。

图3-8　实训前任务交待

（二）设备、材料、工器具

应急救援现场低压照明网搭建设施设备、材料表见表3-1。应急救援现场低压照明网搭建工器具见表3-2。

表3-1　　　　　应急救援现场低压照明网搭建设施设备、材料表

序号	材料名称	单位	数量	备注
1	3匹单相发电机	台	1	进口汽油发电机
2	木电杆（5~8m）	根	3	梢径120mm以上，弯曲度小于150mm
3	25mm² 塑铝线	m	160	两个颜色各80m
4	单股2.5mm²铜绝缘线	m	50	绑扎线

续表

序号	材料名称	单位	数量	备注
5	R75U 型横担螺环	只	3	
6	二线横担	根	3	∠6×60×750
7	1号或2号蝶式绝缘子	只	6	白色棕色各3只
8	螺栓16×110（130）	只	6	
9	低压配电箱	只	2	300×400
10	单相剩余电流动作保护器	只	2	C25 或 C32
11	220V 开关	只	2	16A 二极
12	接地桩带引线	套	3	
13	PVC 管	m	16	$\phi25mm$ 或 $\phi40mm$
14	2.5（或4）mm² 铜绝缘线	m	50	二蕊线
15	绝缘胶带	圈	2	两个颜色
16	灯头	只	2	
17	灯泡	只	2	
18	多用插座	只	2	

表 3－2 应急救援现场低压照明网搭建工器具

序号	物品名称	单位	数量	备注
1	登高板	副	3	
2	脚扣	副	3	
3	绳索	根	3	10m 两根，20m 一根
4	安全帽	顶	10	蓝色9顶，黄色1顶
5	铁榔头	把	2	4P
6	工作负责人背心	件	1	反光背心
7	安全围栏	副	4	200m
8	劳保手套	双	10	
9	防潮垫布（工作布）	张	2	2m×3m
10	铁锹	把	4	
11	锹锄	把	4	
12	安全带	副	3	
13	撑杆	套	2	立杆用
14	绝缘梯	把	1	

续表

序号	物品名称	单位	数量	备注
15	个人工器具	套	5	
16	万用表	只	2	
17	电笔	支	2	
18	PVC 管剪刀	把	2	
19	撬棒	根	2	
20	防坠器	只	3	
21	剪刀	把	2	
22	剥线钳	把	2	
23	斜口钳	把	2	
24	尖头钳	把	2	
25	钢圈尺	把	2	
26	警示牌	块	3	

（三）注意事项介绍

电力应急培训现场有立杆、架线、配电设备安装、供电等电力施工重要环节，因此，存在诸多危险因素。主要危险点有倒杆、高空坠落、落物伤人、触电、重物砸伤等，为了防止实训中发生安全事故，控制未遂和异常，特要求做好以下安全措施和注意事项：

（1）实训前指导老师会同实训负责人及现场安全员和相关人员对现场进行勘查，做好实训作业卡、实训指导书的签发，落实相关安全措施。提前准备好相关材料和工器具，做到"三分准备，七分落实"，确保实训安全，万无一失。

（2）在实训老师和工作负责人的组织下召开班前会：做好"三交""三查"工作，检查学员精神状况和身体健康是否良好，着装是否规范，所有安全工器具是否在使用周期内，外观和机器性能是否良好。对工作任务进行分工，明确小组负责人和监护人，以及学员实训的各个环节和操作步骤，主要危险点有倒杆、高空坠落、落物伤人、触电、重物砸伤等；针对以上危险点布置相关安全措施落实要求，明确责任，落实到人。

（3）做好实训现场安全围栏布置工作，检查所有材料和设备外观良好，无损伤、无锈蚀、机械性能良好、开断试验正常。检查所有安全工器具和施工工器具均在使用周期内，外观良好，无损伤、无锈蚀、机械性能良好。

（4）开挖坑洞时如遇地下碰到管道或不明障碍时，必须查明情况，不得强行随意破坏，不明情况时应移位重新定点开挖。电杆深度必须满足杆长/10＋0.7m，马道开挖深度小于杆坑 0.5m 左右，坡度为 45°。坡度的方向必须考虑电杆起立时控制方向、牵引方向、地形等综合因素，是保证电杆起立安全的重要措施。

（5）立杆实训，由负责人指挥，指挥者必须由具备起重工作经验的人员担任，口令或信号应明确；作业人员在立杆过程中思想集中，听从指挥，同时发力，人员配备足够；主牵引和两侧拉绳应适当受力，以减少叉杆的受力，控制杆根必须由有经验的人员担任，确保杆根随电杆起立角度滑入杆坑，电杆根部与马道受力接触；叉杆使用中应密切配合，木杆根部落入坑洞后，三根控制绳应调整为相互间成 120°，在负责人的指挥下调整到电杆垂直。

（6）立杆时大个子队员担任杆下抬起和托举工作，小个子队员担任绳索提拉工作，这样安排对立杆工作起到保障安全和减轻难度作用。

（7）电杆调正后应立即回填土，土块应打碎，每填 500mm 夯实一次，回填土高出地面 300mm，面积不小于坑口面积，马道回土与杆坑相同，电杆埋深足够，电杆未完全牢固前不得攀登。

（8）上杆前检查电杆埋深足够，基础牢固，电杆无严重倾斜，对登高工器具及安全带进行冲压试验，检查冲击后无异常，上、下电杆和在杆上操作不得失去安全保护，登高板登杆必须使用速差保护，防止高空坠落。

（9）杆上使用的材料、工器具必须使用绳索传递，严禁抛扔，小件材料及小工器具较多时，杆上作业必须使用工具包，严禁将材料或工器具放在横担或置于杆顶，杆下人员除绑捆外，应远离高空落物范围，防止落物伤人。

（10）杆上有人作业时，严禁调整电杆，以防发生意外和倒杆事故。

（11）同一侧的绝缘子颜色应一致，相线用白色，零线用棕色，"黄、绿、红"色作相线，"蓝、黑"色作零线，相色错误易发生触电和其他安全隐患。

（12）终端绑扎应牢固、紧密，绑扎长度必须符合低压线路验收规定，工艺质量问题易造成导线松动，弧垂发生变化，对地、对交叉跨越不足发生事故。

（13）绝缘导线连接后必须恢复绝缘，不恢复绝缘或绝缘恢复不规范易在运行时发生触电事故。

（14）发电机、配电箱等重要电气设备必须做保护接地措施，以防外壳带电时发生人身触电事故。

（15）送电前应对电压进行测量，以防电压过高烧坏电气设备。

（16）送电应逐级进行，并检查电压是否正常，开关、保护器是否能正常工作，如遇跳闸必须查明原因，原因不明时，严禁强行再次送电，以防发生意外。

（17）操作人员应戴手套，防止作业过程中伤手或磨破。

（18）使用榔头时严禁戴手套，以防榔头滑落伤害他人或自己。

（19）停、送电操作必须设监护人，严格执行监护制度、复诵制度。各岗位小组负责人对作业现场加强监督，不但要做好本小组的安全实训工作，还需防止外来人员进入实训区域发生意外事故。

（20）所有实训人员必须听从实训指导老师和工作负责人的指挥和实训安排，加强自我防范意识，以"生命第一、安全第一"的思想理念，高度的安全责任意识，将安全与生命上升到政治高度，确保实训教学工作万无一失、井然有序，实效高、效果好。

第三节　应急救援现场供电与照明典型教学方案

（一）教学目标

通过培训和训练，使应急救援基干队员了解应急救援现场低压照明网搭建知识，重点掌握专业的应急救援现场低压照明网搭建（见图3-9）技术技能、作业流程、施工方法、工艺标准、安全要求。旨在通过培训让应急救援基干队员从事该项工作更具科学、高效、安全、规范性，从而使队员的整体能力得到进一步提升。

图 3-9　应急救援现场低压照明网搭建

（二）教学重点

应急救援现场低压照明网搭建重点有以下几个（以三基木电杆为例）：

（1）电杆的定位，档距的控制，杆坑开挖（包括马道开挖）的要求。

（2）木电杆组立时人员的分工、组立的方法、流程、安全控制、安全监护。

（3）登高板登杆作为重点培训单元内容，开展动作要领、技术技巧、方法方式的专项培训教学。

（4）导线架设、紧线、固定（导线怎么展放、怎么穿越滑车、怎么固定、怎么绑扎、弧垂怎么计算确定），作为重点专项在放线前进行单元培训教学。

（5）配电箱的安装与接线（安装高度、箱内接线工艺要求、保护接地）。

（6）停送电（监护要求、操作步骤、电压测量、问题查找）。

（三）教学难点

应急救援现场低压照明网搭建主要有杆坑开挖、木电杆组立、登高板登杆、故障查找四个难点：

（1）杆坑开挖的难点就是地下的不可预测性和地下岩石管道以及学员体能普遍较差，有时碰到无法开挖下去的情况不得不再次移位，耗时耗力。开挖杆坑不但需要充沛体能作保障、需要技能技巧作支撑，还需要合适的工器具作依托。

（2）木电杆组立的难点在于安全风险性较高，因此要求指挥者经验丰富，应变能力强，组织才能好。从电杆放置方向、放置位置选择等方面，都得考虑最佳，才能提高立杆的安全性。在人员分工上，排兵布阵的合理至关重要，高个子放在托举位置，矮个子分配在拉绳岗位（见图3-10），控制杆根必须选择有经验的人担任，只有发挥了每个学员的长处，立杆实训才能安全顺利。

图3-10　木电杆组立

（3）登高板登杆（见图3-11）是应急低压照明网搭建培训实操中难度最大的一个项目。动作要求高、掌握难度大，既要体能、又要技能，二者缺一不可，所以，没有基础的二三天内难以掌握，一半以上的学员练上半个月都无法登顶。在后文会作详细的动作要领讲解。

图3-11　登高板登杆

（4）故障查找的难点在于要懂得低压线路的安装、工艺规范要求、各类仪器仪表的性能和使用方法，特别是零线带电怎么查找（一般是线路进口处零线没接好，通过电器设备回路造成零线带电）、剩余电流动作保护器跳闸怎么查找（一般是线路有短路故障）、相线常电电器设备不能正常工作怎么查找（线路中间或电器端零线没有接好）。

（四）学时分配

应急救援现场低压照明网搭建学时分配见表3-3。

表 3-3　　　　　　　　应急救援现场低压照明网搭建学时分配

序号	教学内容	学时
1	登高板登杆专项培训	6
2	导线终端、直线绝缘子绑扎，配电箱内各元件接线	2
3	发电机操作、万用表使用	2
4	杆坑开挖、材料工器具准备、现场布置	2
5	木杆组立、横担绝缘子安装、导线架设固定、配电箱安装	6
6	发电、供电及终结	2

（五）救援现场低压照明网搭建作业准备

俗话说："三分准备，七分工作"，这是完成每项工作的前提，虽然在每项工作中准备的时间可能远不到工作总量的30%，但是要花30%的精力去做好准备，由此可见准备工作的重要性，救援现场应急低压（临时）照明网搭建作业必须做好以下准备（以三基木电杆，一组10名学员为例）：

（1）实训指导老师在开展培训前必须对实训现场进行勘查，对现场情况了如指掌，实训开展前一天做好实训指导书、标准化作业卡的编制和签发工作。

（2）应急救援现场低压照明网搭建对工器具设备的准备和要求：工器具、设备由发电机、围栏、警示牌、脚扣、登高板、绳索、铁锹、撬棒、绝缘梯、挖坑专用工器具、放线滑车、紧线工器具、万用表、断线钳、剪刀等，以及个人工器具（安全帽、手套、扳手、钢丝钳、一字螺丝刀、十字螺丝刀、尖头钳、斜口钳、电工刀、剥线钳、验电笔、电笔、工具包、钳套等）等组成。要求所有工器具均在安全使用检测周期内，外观良好，无变形、无锈蚀、无裂痕、机械性能良好，数量、规格齐全，仪表仪器合格，性能良好，发电机燃油充足，机油正常，启动正常，各元件、指示良好。

（3）应急救援现场低压照明网搭建对材料的准备和要求：材料主要由木杆、横担、绝缘子、导线、低压电缆、护套线、软塑料多股铜线、绝缘绑扎线、绑扎带、PVC管、PVC弯头、各类接头、配电箱、剩余电流动作保护器、开关、插座、灯头、灯泡、绝缘胶带等组成。要求：所有材料规格、型号正确、数量足够，外观及机械性能良好，表面无锈蚀、破损、碎裂等现象，木杆的弯曲度小于杆长的2%，强度满足要求。

（4）应急救援现场低压照明网搭建前应做好登高板登杆专项技能培训工作。登高板登杆实训的动作要求和规范如下。

登高板使用方法：

1）使用前，检查登高板有无裂纹或腐朽，绳索有无断股、严重磨损。

2）挂钩操作时必须正勾，勾口向外、向上，切勿反勾，以免造成脱钩事故。

3）登杆前，分别将两个踏板勾挂好使踏板离地面20～40cm，用人体作冲击载荷试验，检查踏板有无下滑、是否可靠（见图3-12）。

图3-12　登高板登杆冲击试验

4）登杆时将一只登高板背在身上（钩子朝电杆面，木板朝人体背面）一手扶钩子下方绳子，左手握绳、右手持钩，从电杆背面适当位置绕到正面并将钩子朝上挂稳，右手收紧（围杆）绳子并抓紧上板两根绳子，左手压紧踩板左边绳内侧端部，右脚跨上踏板，左脚上板绞紧左边绳，第二板从电杆背面绕到正面并将钩子朝上挂稳，右手收紧（围杆）绳子并抓紧上板两根绳子，左手压紧踩板左边绳内侧端部，右脚登上板，左脚蹬在杆上，左大腿靠近升降板，右腿膝肘部挂紧绳子，侧身、右手握住下板钩脱钩取板，左脚上板绞紧左边绳，依次交替进行完成登杆工作。

5）杆上作业时，为了保证在杆上作业时身体平稳，不使踏板摇晃，站立时两腿在登高板后侧，两脚前掌内侧夹紧电杆。

6）下杆时先把上板取下，钩口朝上，在大腿部对应杆身上挂板，左手握住下板钩子与绳，右手握上板绳，抽出左腿，侧身、左手压等高板左端部，左脚蹬在电杆上，右腿膝肘部挂紧绳子并向外顶出，上板靠近左大腿。左手松出，在下板挂钩 100mm 左右处握住绳子，左右摇动使其围杆下落，同时左脚下滑至适当位置蹬杆，定住下板绳（钩口朝上），左手握住上板左边绳（右手握绳处下），右手松出左边绳、只握右边绳，双手下滑，同时右脚下上板、踩下板，左腿绞紧左边绳、踩下板，左手扶杆，右手握住上板，向上晃动松下上板，挂下板，依次交替进行完成下杆工作。10 人为一小组的学员，至少有三人以上学会并掌握登高板登杆的专项技能，并能在杆上完成相关工作，才能开展应急救援现场低压照明网搭建的培训和实操训练。

（5）应急救援现场低压供电照明网搭建前应做好导线终端（见图 3-13）、直线绝缘子绑扎，配电箱内各元件接线，发电机操作专项培训。

1）终端绑扎（见图 3-14）。绑线宜采用 2.5mm² 单股铜塑线，绑线长度因导线规格而定，对于 35mm² 以下的导线，绑扎长度必须大于 120mm，绑线长度取 2.2m 左右，绑扎要求：导线在蝶式绝缘子上顺时针绕一圈，主、副线手指用力做一个折弯处理，使主、副线在绝缘子处紧贴，尾线留有长度根据搭接情况而定，绑扎线放出尾线，尾线留有长度 150mm，将尾线控制于主、副线槽内，绑线绕绝缘子一周后顺时针在导线上进行缠绕，要求缠绕紧密，无空隙，缠绕长度达到规定后，打麻花三个。

图 3-13 终端绝缘子绑扎

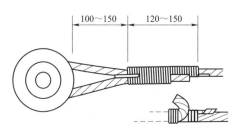

图 3-14 终端绑扎示意图（单位：mm）

2）直线绑扎（侧扎法）。绑线宜采用 2.5mm² 单股铜塑线，绑线长度因导线规格而定，对于 35mm² 以下的导线，绑线长度取 2.2m 左右，绑扎要求：导线置于蝶式绝缘子边侧，绑扎线尾线在导线下方，且靠绝缘子，先在导线上绕三圈，绕过绝缘子后在另一端用同样方法也绕三圈，再绕过绝缘子和导线在导线上打两个十字交叉，两次在导线两端各绕三圈，尾线收紧后打三个麻花，注意绑线在缠绕时的走向为这端在导线上方的绕向另一端也必须在上方，如是下方的绕过去则也是下方，发生变化的则是在导线背部打十字交叉时，这种绑扎法叫双十字绑扎法（即导线上有双交叉，绝缘子两侧各绕有六圈）。工艺质量：缠绕紧密，绑线在绝缘子和导线上无重叠。

3）配电箱内接线（见图 3-15）。必须采用绝缘铜线，相线和零线必须采用两个颜色：相线用（黄、绿、红）、零线用（蓝、黑），保护线用双色线。导线采用 2.5～4mm² 铜塑线，相、零线定位是左相右零，开关、保护器上、下线色必须相同，走线要求：横平竖直，走线位置取开关或保护器与箱壳间的平均点为宜，两根以上导线需穿入同一接线端子的规格必须相同，导线剥皮长度应合适，穿入要到位，接好后平行方向看过去不能看到裸体导线，螺栓拧紧，接在螺钉上的导线，尾线绕向必须是顺时针方向，大小与螺钉吻合，用多股软铜线接线的，剥削后线头必须绕紧，最后用扎带对导线进行捆绑处理。

图 3-15　配电箱接线

4）发电机操作培训。发电机安全须知及基本要求：严禁在室内使用，严禁暴露在雨中（水中）使用，加注燃油时严禁吸烟，严禁开机状态给发电机加注燃油、机油以及进行其他检查和维护。检查机油油位，左旋打开机油口盖，用干净抹布清洁机油尺，再次插入检查是否在刻度间；检查燃油油位：燃油使用正规加油站出售的 92 号及以上汽油；检查空气滤清器：检查滤芯有无破孔或裂缝等损坏现象，如有则更换；发电机组的起动：关闭交流断路器（严禁带载起动），从交流插座拆卸任何负载—置于 "OFF" 位置，将燃油阀打开—置于 "ON" 位置，关闭阻风门（冷机状态）—将阻风门杆扳到 "CHOKE"（关）位置，打开发动机开关（即引擎开关）—置于 "ON" 位置，轻轻拉起动抓手直到感到阻力为止，然后用力拉起（严禁一开始就用力拉），当引擎升温时，将阻风门打开，打开交流断路器—置于 "ON" 位置。注意：使用发电机前必须做好保护接地措施，使用完毕，先关闭交流断路器再关闭发动机开关，最后关闭燃油开关（见图 3-16）。

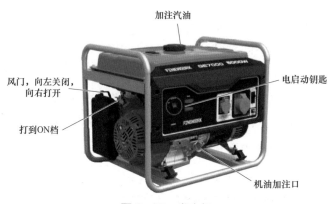

加注汽油

风门，向左关闭，
向右打开

打到ON档

电启动钥匙

机油加注口

图 3-16　发电机

（六）应急救援现场低压照明网搭建任务分工

一次实训工作以一个小组为单元，共 10 名学员组成，1 号电工为工作负责人，2 号电工为安全监护人，3、4、5 号电工为杆上作业人员，6、7 号电工负责配电箱、发电机操作和安装，8、9、10 号电工为地面工，做好相关地面辅助和配合工作。

（1）1 号电工作为工作负责人，工作负责人必须由有配网施工或检修工作经验的人担任，要求具有三年以上工作经验，具备指挥才能，工作思路清晰，应变能力强。在整个实训过程中负责人员调配，工作安排，安全措施告知、落实，实训现场布置安排，组织班前会、班后会，立杆指挥，架线指挥，施工质量验收，送电监护与指挥等，统揽全局，担当起安全责任第一人的要务。

（2）2 号电工作为现场安全专职监护人，现场安全专职监护人必须是由具备线路运检经验的人担任，对线路施工中出现的不安全行为能够及时发现，迅速制止，及时指正，在电杆组立、导线架设、送电等重要环节中起到安全监护、规范操作行为等安全责任，为整个实训安全有序开展起到保驾护航作用。

（3）3、4、5 号电工为杆上作业人员，三位电工是本次专项登高板登杆技能技术最出众的学员，一般情况下有丰富的线路工基础，除了安全完成杆上横担、绝缘子安装、导线固定、紧线、绑扎、搭接工作外，还需配合本小组完成木杆组立和前期相关准备工作。

（4）6、7号电工负责配电箱、发电机操作和安装。两位电工必须具备较好的电气安装和电气设备常用知识，是前期专项配电箱接线和发电机操作培训中的骨干学员，除完成上述两项工作外，还需配合做好木杆组立、导线展放、前期工作准备等负责人安排的其他辅助工作。

（5）8、9、10号电工为地面工，需做好相关地面辅助和配合工作，地面工虽然单项技术含量要求不是很高，但要做到全方位配合好，必须掌握全过程知识与技能，在所有岗位中都要发挥重要作用，所以也有句俗话："线路施工，师傅在下面，徒弟在杆上"。总之，地面工是救援现场应急供电、照明网搭建所有项目均要参与的人，一切听从负责人的指挥和安排。

（七）应急救援现场低压照明网搭建作业流程

1. 实训现场准备

材料准备与搬运：实训现场放置一张 3m×4m 左右的防潮布，除木电杆外依次放于防潮布，数量、规格、型号按第一章节表内所列准备，木杆在工作负责人的指挥下按要求方向摆放（见图 3-17）。

图 3-17　木杆搬运摆放

工器具准备与搬运：实训现场放置一张 3m×4m 左右的防潮布，按第一章节表内所列工器具数量、规格、型号依次放于防潮布内，摆放整齐规范，便于清点、检查，确保所有工器具在使用周期内，外观良好、合格，严禁使用不合格的安全工器具。

在实训区域内按规定设置好安全围栏，并在进出口处悬挂"从此进出"

"在此工作""禁止入内"等警示牌或安全标志。

2. 班前会：实训指导老师（实训现场负责人）

（1）整队。立正，向右看齐，向前看，报数，稍息。检查学员精神状况良好，无饮酒、无身体不适，检查学员安全帽正确佩戴、着装规范。

（2）任务交底。今天我们的实训工作任务是救援现场低压应急供电、照明网搭建，主要的工作有电杆定位、杆坑开挖、木杆组立、横担绝缘子安装、导线架设、配电箱安装与接线、发电、供电。

（3）安全交底。实训工作的主要危险点有"防倒杆、防触电、防高空坠落、防落物伤人"等。

（4）措施交底。针对危险点向大家布置和交待以下安全措施和注意事项：① 杆坑开挖深度有满足杆长/10＋0.7m 的埋深要求，组立电杆时听从指挥，集中思想，同时发力，电杆在回土未填满前不得上杆，防止倒杆事故。② 发电机、配电箱在运行前要做好保护接地措施，发电机发电时派专人看护，送电时按规定操作，做好监护，防止触电事故。③ 上杆前对安全工器具进行检查和冲击试验，冲击后无变形等不良情况，检查电杆埋深足够、基础牢固、电杆无严重倾斜，登高板登杆必须使用防坠装置，杆上作业不得失去安全保护，防止高空坠落事故。④ 杆上使用的材料、工器具必须使用绳索传递，严禁抛扔，工具、材料不得随意置于杆顶或横担，必要时使用工具袋，地面配合人员除捆绑外，必须远离高空落物范围，防止高空落物伤人。所有实训人员必须严格执行安全规定，做到"安全第一，生命至上"，听从指挥，服从安全。

（5）任务分工。1 号电工担任工作负责人；2 号电工担任现场安全专职监护人，主要任务是做好现场安全专职监护工作，对线路施工中出现的不安全行为及时发现，迅速制止并指正，规范操作行为；3、4、5 号电工的主要工作是做好杆上横担、绝缘子安装、导线固定、紧线、绑扎、搭接工作，此外，还需配合本小组完成木杆组立工作；6、7 号电工的主要工作是做好配电箱、发电机操作和安装；配合做好木杆组立，导线展放等工作；8、9、10 号电工的主要工作是地面工，配合做好相关地面辅助和配合工作。

（6）确认签字。实训的工作任务、危险点、安全措施和注意事项、人员分工大家是否明白。"明白"，好，确认签名。

3. 电杆定位、杆坑开挖

（1）电杆定位：现场指挥部临时线路架设以三根电杆为例；先量好距离，要求两档线水平距离基本一致，确定 1 号和 3 号杆的位置后，在负责人的指挥下，三人处于同一直线上，分别定好要开挖的点位。

（2）杆坑开挖：工作负责人选派 6 名学员分别用撬棒、尖头锹、取土工器具进行杆坑开挖，将土块取出，防止松、散、软土质坍塌伤人（见图 3-18）。杆坑深度要求：杆长/10+0.7m，基础坑深度的允许偏差应为 +100mm、-50mm，并在木杆根部挖好马道，马道开挖时应考虑立杆方向，宽度稍大于木杆直径，长度与深度相等，坡度 45° 左右，比杆坑浅 300～400mm。杆坑挖好后将木电杆置于电杆坑，根部贴紧坑壁，方向与马道方向一致。

图 3-18　杆坑开挖

4. 木杆组立

（1）木杆组立专项分工：工作负责人对学员交待立杆作业方法、作业流程、指挥信号，安排 4 位个子较高的学员担任木杆起立时扛、托、举、顶任务（见图 3-19），安排一位较有经验的学员担任根部进坑工作，安排 2 位学员控制左右浪风，安排另 2 位学员担任电杆起立时拉起任务，工作负责人担任指挥，安全监护人做好监护工作并协助负责人做好电杆立起后调正垂直指挥。控制绳索的 4 位学员站位必须大于杆高的 1.2 倍。

图 3-19　木杆组立

（2）拉绳及控制绳捆绑：拉绳及控制绳应捆绑在杆顶 300～500mm 的位置，绳结宜采用背扣结或其他不会滑落的绳结，绳结打好后必须满足"安全可靠，易打易解"的要求，特别是受拉的绳索要有足够的机械强度。

（3）在工作负责人的指挥下，3 位高个子工作人员用手捧起电杆梢头，用肩扛、用手举、用撑杆顶等方法使木杆梢头慢慢远离地面，3 位高个子工作人员交替向木杆根部行进，控制根部的学员将木杆部用撬棒，利用角铁或档板使杆根慢慢进入杆坑，并使根部置于马道内，当木杆起升一定高度时，两侧拉绳在监护人的指挥下控制并调整左右方向，对面拉绳在工作负责人的指挥下用力拉起，当木杆梢部升至一定高度时，加入另一副叉杆，使叉杆、顶板、杠抬合一交替移动逐步使电杆头部升高，到一定高度时再加入另一副较长的叉杆与拉绳合一用力使木杆再度升高。一般用叉杆立杆需要 2 副叉杆。木杆垂直时，将一副叉杆移到竖立方向对面防止电杆过牵引倾倒。木杆立直后，用 2 副叉杆相对支撑住电杆，然后检查杆位是否在线路中心，随即覆土分层夯实（见图 3-20）。

（4）回填土（见图 3-21）：回土应打碎，每回 500mm 夯实一次，回土应高出地面 300mm，面积大于坑口面积，马道回土与杆坑回土相同。

图 3-20 木杆组立配合过程

图 3-21 回填土夯实

（5）工艺质量：电杆立好后，三基木电杆应在一条直线上，横向移位不超过 30mm，埋深符合；杆长/10＋0.7m，电杆倾斜小于半个稍径，前后两基终端杆向拉线侧倾斜半个至一个稍径。

5. 横担安装（见图 3-22）

实训三基电杆均采用单横担，规格为：6mm×60mm×750mm 角铁两线横担，采用 2 号蝶式绝缘子。3、4、5 号电工为杆上作业人员，穿戴好安全防护装置，上杆前做好安全带、后备保护绳、登高板冲击试验，并检查确认良好，挂上防坠速差绳，背好传递绳，选择好上杆位置，一步一步登上杆顶，系好安全带、后备保护绳，取下绳索系在电杆上并放下，地面配合人员计算出横担安装位置的电杆直径，在地面调整选择好螺栓的长度，确保横担两端及横担中间对角的距离与安装尺寸一致，绑好已组装好的横担及绝缘子，杆上学员吊上横担放置于安全带上并解除绳索，横担安装位置离杆顶250～300mm，并拧紧螺栓，直线杆的单横担装于受电侧，终端杆的横担装于拉线侧，横担应与线路方向垂直，扭转不超过20mm，水平倾斜不超过20mm，横担两侧的绝缘子应统一，一侧为白色，另一侧为棕色。

图3-22　横担安装

6. 放线、紧线及固定

（1）放线：本次实训采用25mm^{2}的圈状铝塑线，由于导线较轻，不采用放线架作业，常采用一人控制线圈慢慢转出，一人拖拉的方式进行，导线拉出二十多米后，先穿过紧线杆的放线滑轮，再慢慢向前，拉到第二基电杆并留有足够余度后，吊上电杆，穿越滑轮，再拉向第三基终端杆，杆上学员吊上导线，在绝缘子上做终端绑扎，尾线长度应足够（可直接与配电箱连接），绑扎长度与工艺质量在专项培训中已介绍。用同样的方法展放另一根导线，"黄、绿、红"作相线，在白色绝缘子侧。"蓝、黑"作零线，在棕色绝缘子侧。导线展放如图3-23所示。

（2）紧线及固定（见图3-24）：由于导线截面积较小，紧线不采用紧线工器具，靠杆上学员自己收紧控制的方法完成紧线工作。具体做法是：杆上学员选择好位置，人体站在横担对面，胸部与横担平行，绑线尾线转出400mm左右，挂在随手可取位置，导线在绝缘子上绕一圈，一手拉导线，另一手控制尾线，将导线慢慢收紧，地面负责人观察弧垂，弧垂达标后控制好导线进行终端绑扎，第一根线尽量收紧一点，考虑第二根线收紧后电杆有一定倾斜会增大弧垂，绑扎长度与工艺质量在专项培训中已介绍。两根导线紧好固定后相对弧垂误差小于 50mm，再后剪断导线，尾线与配电箱连接足够。

图 3-23　导线展放

图 3-24　导线紧线及固定

（3）档距内不得有接头，导线不得出现金勾和起包，绝缘损伤必须进行绝缘恢复。

7. 配电箱安装及接线

（1）配电箱安装应牢固，最好使用与木杆相吻合的专用支架进行固定安装，也可采用 12 号或 14 号铁丝进行捆扎安装，牢固可靠，配电箱底部离地大于 1.5m，外壳必须接地，接地桩直径大于 $\phi 16mm$，长度大于 700mm，接地引线采用绝缘多股铜线，面积大于 2.5mm²，连接可靠。配电箱安装固定见图 3−25。

图 3−25 配电箱安装固定

（2）两基终端杆（送电端和受电端）必须安装配电箱，配电箱的第一个开关必须装漏电保护断路器，箱内开关多少应根据用电情况和分路来确定，按用电负荷选择开关容量。配电箱内接线见图 3−26。

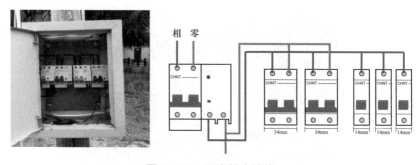

图 3−26 配电箱内接线

（3）配电箱内接线：必须采用绝缘铜线，相线和零线必须采用两个颜色，相线用（黄、绿、红），零线用（蓝、黑），保护线用双色线。导线采用 2.5～4mm² 铜塑线为宜，相、零线定位是左相右零，开关、保护器上、下线颜色必须相同，走线要求：横平竖直，走线位置取开关或保护器与箱壳间的中间点为宜，两根以上导线需穿入同一接线端子的规格必须相同，如规格不同，须采用专用接线端子压紧，导线剥皮长度应合适，穿入要到位，接好后平行方向看过去不能看到裸体导线，螺栓拧紧，接在螺钉上的导线，尾线绕向必须是顺时针方向，大小与螺钉吻合，用多股软铜线接线的，剥削后线头必须绕紧，最后用扎带对导线进行捆绑处理。

（4）进线必须接于开关的静触头端，出线必须接于开关的动触头端。进配电箱的导线在箱外必须做好滴水弯，防雨水顺着导线进入配电箱内。进出的导线不得与配电箱洞边产生应力，防止长时间受力而磨损导线，发生箱体带电事故，有条件的使用封堵泥，防小动物进入。

（5）配电箱的进出线应与木杆固定，配电箱底部与地面的导线必须穿入 PVC 管（见图 3-27）。

图 3-27　出线与木杆固定

8. 验收

（1）对电杆进行验收：埋深足够，基础牢固，倾斜、位移在规定范围内。

（2）对导线架设进行验收：架线施工符合要求，相色与绝缘子正确、弧垂弧度在规定范围内，绝缘无损伤，对地、对交叉跨越符合要求。

（3）配电箱内接线及相位正确，开关通、断正常，无绝缘损伤，无短路可能。

9. 发电机就位（以常用 5kW 单相发电机为例）

（1）将发电机置于离木杆 3m 左右较平整的地方，打好接地桩，接好发电机接地保护线。

（2）检查发电机机油是否在标尺范围内。

（3）检查发电机燃油是否足够，应使用 93 号以上汽油。

（4）检查空气滤清器、火花塞是否正常。

（5）连接好发电机与配电箱的接线。

10. 送电

（1）送电必须在工作负责人或安全监护人的监护下进行。

（2）先启动发电机，发电机开始运转后，应随时注意有无机械杂音、异常振动等情况。确认情况正常后，调整发电机至额定转速，电压调到额定值，准备向外供电。

（3）检查运行中的汽油发电机各种仪表指示是否在正常范围之内。检查运转部分是否正常，发电机温升是否过高，电压是否正常。

（4）向第一个配电箱供电，对保护器进行试跳操作，测量电压是否正常，相线与零线是否正确，无误后向线路和第二个配电箱供电。

（5）第二个配电箱的操作与前一个操作相同，严格执行监护和操作等复诵制度。

（6）送电完成后对实训进行总结，主要分析实训中出现的问题，提出改进措施，表扬好人好事，清理现场，做到工完料尽、场地清（见图 3-28）。

图 3-28　送电灯亮

（八）应急救援现场低压照明网搭建规范要求

（1）木杆高度一般 5～8m，重 30～100kg，木杆稍径应大于 100mm，弯曲度小于 2%，无断裂、无损伤，特殊情况应视架空线路最低点对地面、对交叉物最小安全距离选择电杆长度。木杆组立后埋深满足要求，防沉土（包括马道）大于坑口面积，高出地面 300mm，基础牢固，木杆在直线段上横、纵向倾斜不超过半个稍径，横向位移不超过 50mm，终端杆横向位移不超过 50mm，横向倾斜不超过半个稍径，导线架好后应向拉线侧倾斜半个至一个稍径。同时在施工时将强度好、稍径大的木杆用于终端。

（2）架空绝缘导线的外观绝缘层紧密挤包，表面平整圆滑，色泽均匀，无尖角、颗粒，无烧焦痕迹，绝缘无破损，架空线路段无接头，绝缘电阻必须大于 2MΩ。直线杆导线放置位置靠电杆，绑扎采用双十字，各侧缠绕六圈，绑线采用 2.5mm² 单股铜塑线。终端采用 2.5mm² 单股铜塑线缠绕绑扎，要求缠绕长度大于 120mm，缠绕紧密、牢固可靠，两相导线弧垂误差不大于 50mm，弧垂 400mm 左右，如引线有搭接时，连接工艺满足低压绝缘导线施工规范，连接处用绝缘带恢复绝缘，缠绕时要求胶带重叠一半，来回至少缠绕两次。

（3）蝶式绝缘子要求表面瓷釉光滑，无裂纹、破损、缺釉、斑点、烧痕和气泡等缺陷，架空线路上采用 1 号或 2 号绝缘子，相线为白色，零线为棕色，跳线或引线可采用 3 号或 4 号绝缘子，颜色也必须区分。螺栓采用 ϕ16mm×130mm（或 110），螺栓穿入方向朝下，蝶瓷上面及横担下面各加垫片一片，紧固螺母拧紧，元件安装正确、牢固可靠。

（4）实训采用的横担尺寸为∠6mm×60mm×750mm，用 U 型螺丝固定，加垫片 1~2 片，要求无锈蚀，镀锌良好，线路横担的安装要求：直线杆单横担应装于受电侧；90°转角杆及终端杆当采用单横担时，应装于拉线侧。导线为水平排列时，上层横担距杆顶距离不宜小于 200mm。横担安装后必须与线路方向垂直，左右扭斜小于 20mm，横担水平误差小于 20mm；直线杆的螺栓穿向送电向受电侧，安装后应牢固可靠。

（5）绝缘线连接要求：连接接头的电阻不应大于等长导线电阻的 1.2 倍，机械强度不应小于导线计算拉断力的 90%；导线接头应紧密、牢靠、造型美观，不应有重叠、弯曲、裂纹及凹凸现象。架空绝缘线的连接不允许缠绕，应采用专用的线夹、接续管连接；不同金属、不同规格、不同绞向的绝缘线严禁连接，铜芯绝缘线与铝芯绝缘线连接时，应采取铜铝过渡连接；剥离绝缘层不得损伤导线，切口处绝缘层与线芯宜有 45°倒角；绝缘线连接后必须进行绝缘处理。绝缘线的全部端头、接头都要进行绝缘护封，不得有导线、接头裸露，防止进水。

（6）绝缘导线对地最小距离：最大弧垂时；通车道路大于 6m，其他地域大于 4.5m，落火点大于 2.5m。绝缘配电线路应尽量不跨越建筑物，如需跨越，导线与建筑物的垂直距离在最大弧垂情况下，不应小于 2.0m。

（7）配电箱安装与箱内接线要求：配电箱安装应牢固可靠，高度大于 1.5m，方向宜与横担平行，外壳必须接地，接地电阻满足要求（小于 30Ω），连接牢固。箱内使用的电器元件（剩余电流动作保护器、开关等），使用前必须进行检查，确保规格、型号正确，用万用表检测开、断机器性能良好。接线要求来电接于静触头，受电接于动触头，同一接线处有两根以上导线时必须导线规格、材料相同。箱内走线要求横平、竖直，线头剥削长度与接线处相吻合，接好后平行方向看不到裸露导体，螺栓拧紧，长短适当，相色正确（相线用黄、绿、线，零线用蓝、黑），所有开关处于断开状态。

（8）发电机操作人员必须由通过专项培训人员担任，在工作负责人或专职监护人的指挥监护下进行操作，并严格执行操作复诵制度。

（九）应急救援现场低压照明网搭建注意事项

（1）没有实训作业指导书或实训作业卡的不干。实训作业前实训指导老师必须根据实训工作任务书、实训人员数量、实训中可能出现的危险点，制定切实可行的危险点预控措施和安全落实措施，在实训开始前对学员进行交底和安全措施落实分解，确定各项安全措施落实到每个岗位、每个责任人，确保实训工作万无一失。

（2）安全工器具不齐、不合格的不干。安全工器具包括个人安全工器具和施工安全工器具。要求所有实训的安全工器具均在安全使用周期内，外观良好、无严重磨损、无断裂、无变形、无异常、机器性能良好、灵活，无卡压、无异常。使用前必须派专人进行检查和试验，使用中不得以小代大贪方便，高空作业的登高板、安全带、后备保护绳在上杆前必须进行冲击试验，冲击后还须进行两次检查，确认良好无误。安全工器具使用中不得随意抛扔、踩踏、重物挤压等，还应防止被锋利物损伤，实训现场设置好安全围栏，防止外来人员进入发生意外，加强现场安全监护工作。保护好安全工器具，就是保护生命。

（3）班前会（站班会）不执行的不干。班前会是实训工作确保安全的前提，实训指导老师与实训工作负责人在召开班前会时首先要检查实训学员的着装、安全帽穿戴是否规范、正确，检查学员的精神状况是否良好，是否有饮酒或其他身体不适，对学员进行实训任务、作业方法、作业流程、作业步骤交底。告知危险点（防倒杆、防高空坠落、防落物伤人、防触电），布置安全措施及注意事项：① 防倒杆：设工作负责人和安全监护人，立杆工作时要集中思想，听从指挥，各负其责，电杆在未完全牢固前不得登杆。② 防高空坠落：上杆前做好安全工器具的检查和冲击，检查电杆埋深足够、基础牢固，上、下电杆和杆上作业不得失去安全保护，登高板登杆必须使用防坠装置。③ 防落物伤人：杆上使用的工器具和材料必须使用绳索传递，严禁抛扔，杆下学员除捆绑外必须远离高空落物范围，杆上使用的工具、材料不得随意放置于横担或杆顶，防止落物伤人。④ 防触电：检查绝缘导线、用电器外观无破损，接线正确，送电操作在监护下进行，必要时戴绝缘手套操作）。对工作任务进行人员分工，明确各岗位小组负责人，以及实训时安全措施的落实要求，做到安全措施不落实不完备的不干。最后询问各位学员是否清楚明白，在实训作业卡或安全指导书上签名。

（4）立杆工作存在危险或没有把握的不干。立杆工作必须由有线路工作经验的人担任指挥（工作负责人），同时选派较有线路施工能力的人担任安全监护人，两个角色有起重或线路经历两年以上，立杆前交待指挥信号，对人员进行分工，确定各点小组负责人，同时将相关安全措施落实到专人负责。立杆前对杆坑进行检查，确保杆坑深度足够，底部大小足够，马道斜坡角度、宽度、长度及底部留有深度足够，对现场进行布置，拉绳与电杆在同一直线上，人员离杆坑大于杆高 1.2 倍以上，左右控制人员站位与电杆成垂直，距离大于杆高 1.2 倍以上，扛、托、举人员尽可能选派高个子、力量好的人员担任，控制杆根人员选派较有经验的人担任，立杆人员配备足够，思想集中，发力同时，密切配合，听从指挥。叉杆使用中应使主牵引和两侧拉绳适当受力，以减少叉杆的受力，确保杆根随电杆起立角度滑入杆坑，电杆根部与马道受力接触减小左右拉绳的受力，在工作负责人和安全监护人的指挥下将电杆依次竖起，确保立杆实训安全有序。

（5）电杆基础未牢固前杆上工作不干。电杆调直后立即进行回填土工作，每回 500mm 左右必须夯实一次，回土应高出地面 300mm 以上，面积大于杆坑和马道口面积，立好的电杆满足基础牢固、埋深足够、无严重倾斜时，方可上杆拆除杆上绳索。

（6）杆上作业没有防坠措施的不干。杆上的防坠速差应在立杆前随同挂好，防坠速差使用前应进行冲击试验，确保性能良好，杆上操作必须选派熟练掌握登高板专项作业的人员担任，防坠速差挂钩应有专护人员协助挂好，并检查确挂在安全环内，防止登杆人员自己挂设时挂在其他不安全地方，导致出现不安全情况时发生意外。

（7）杆上作业失去安全保护的不干。严禁使用超周期的安全带和登高工器具，严禁使用没有安全检测的安全工器具，上、下电杆采用登高板的必须使用防坠速差装置，采用脚扣登杆的必须使用围杆带保护，穿越障碍物时围杆带和后备保护绳交替使用，任何时刻杆上作业不得失去安全保护，同时杆上作业必须在监护下进行，监护人随时纠正杆上人员的不安全行为，确保杆上人员不发生高空坠落事故。

（8）作业任务不清楚、专项技能不对口的事不干。应急救援现场供电、照明网搭建是一项综合性的实训工作，有时需要整个小组同时作业，有时分几个小组分别作业，所以要求工作负责人思路清晰、安排得当，更要发挥学员的特长和特点，每个岗位不是所有学员都可以胜任，因此，合理安排，施展每个学员的才华是实训工作安全、高效、高质的前提。学员在整个实训过程中工作任务要清、危险点要清、防范措施如何落实要清、安全注意事项要清、操作流程要清、作业方式要清，哪些地方什么时候有风险，危险通常瞬间发生；比如说杆上作业时杆下易发生落物伤人，放线时不注意导线颜色或随意拉出产生金勾等。电力工作是一项专业技能要求很高的工作，盲目蛮干易发生事故和安全隐患，应急基干队员来自不同岗位、不同专业，很少有人胜任所有岗位，所以专业的事要专业的人干。

（9）工作负责人和安全专职监护人不在现场的不干。工作负责人和安全专职监护人（实训老师）有时因某事可能会暂时离开现场，当失去指挥或安全监护时应暂停实训，做到立杆、架线、杆上作业区、送电没有监护人的不干，实训中碰到疑问的不干，总之，安全得不到保障的不干。

（10）不检查施工质量，盲目送电的事不干。实训工作结束后未送电前在工作负责人和监护人的带领下对所有工作进行安全、质量的检查，确保施工质量符合工艺规范和验收标准，在负责人下达送电指令后方可启动发电机，逐级对设备进行送电，送电时严格执行监护和复诵制度，并对电器进行电压和相位确认，设备带电后无关人员严禁随意接触，防止触电事故发生。

第四章 应急救援现场通信保障

第一节 应急救援现场通信保障概述

一、应急救援现场通信保障的作用

在发生自然灾害（如地震、冰灾、台风、泥石流、洪水）、重大事故（如重大交通事故、火灾事故、矿难事故）或突发重大事件（如踩踏群体伤亡、聚众闹事群体伤亡）等突发事件时，需要在事发前线搭建电力应急指挥部，就近开展现场指挥。

为确保前线应急指挥部既可向救援一线传达总指挥部任务，又可向总指挥部反馈救援进度和前线需求，履行救援期间指挥枢纽的职责，需为前线指挥部同步搭建应急通信保障系统。

在确保前线应急指挥部通信功能的同时，救援现场应急通信保障还需要尽可能覆盖救援一线以及电力抢修点，建立救援最前线和前线应急指挥部之间的通信通道，可以及时接收前线指挥部的指令，并向前线指挥部反馈任务进度、现场环境、安全隐患、物资需求、人员健康情况以及工作意见等工作信息，为各级指挥部进行科学决策提供准确依据。

二、应急救援现场通信保障系统架构及重点装备介绍

（一）应急救援现场通信保障系统架构

应急救援现场通信保障系统架构如图4-1所示。前线指挥部场地搭建

完成后，立即开展应急通信系统搭建，包括架设卫星通信系统、无线对讲系统以及视频会议系统。前线指挥部与总指挥部通过卫星通信系统建立视频会议通道，与救援一线通过无线对讲、卫星电话或卫星通信系统建立实施通信，最终实现总指挥部、前线指挥部、救援一线现场间的指令上传下达渠道通畅，救援实况、问题和进度反馈迅速，保障应急救援指挥的准确性和科学性。

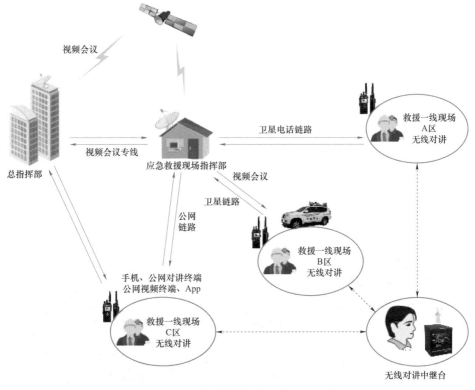

图 4-1　应急救援现场通信保障系统示意图

（二）应急救援现场通信保障系统装备介绍

1. 卫星电话

（1）卫星电话的功能。

卫星电话是基于卫星通信系统来传输信息的通话器。卫星电话是现代移动通信的产物，利用运行在地球轨道上的通信卫星，实现对地面区域的无缝覆盖，在现有主流通信技术受到地面基站部署范围、野外地形复杂以及自然气候恶劣等外部因素影响，通信覆盖区域有限的情况下，填补其通信盲区，为野外救援及各项活动提供更完整的通信保障。

现代通信中，卫星通信的灵活性是无法被其他通信方式所替代的，它具有无缝覆盖能力、续航时间长、安全可靠、高保密性的特点，现有常用通信所提供的所有通信功能，均已在卫星通信中得到应用。

（2）应急救援现场应用场景及应用效果。

在自然灾害情况下，应急救援现场运营商的通信基站等基础设施将受到严重破坏，无法利用手机通信与上级指挥机构取得联系，救援现场成为通信孤岛。卫星电话可及时打通前后方应急救援指挥渠道，提升应急救援工作效率。

2. 应急卫星通信车（便携站）系统

（1）应急卫星通信车（便携站）类型

国家电网有限公司各网省公司均部署应急卫星通信站，是各级电网公司在突发事件应急救援时，提供应急通信保障的主要设备。目前国家电网系统内，主要使用的应急卫星通信站从外观层面分为应急卫星通信车载站和应急卫星通信便携站两类（见图4-2）。按是否支持行进过程中卫星通信功能，可将应急卫星通信车载站进一步分为静中通和动中通两类。

| (a) | (b) |

图4-2 应急卫星通信站
（a）应急卫星通信便携站；（b）卫星通信车载站

（2）卫星通信车载站总体外观及布局。

1）卫星通信车载站设备面板，如图4-3所示。

2）卫星通信车载站设备接线图。卫星通信车载站内部卫星设备接线情况如图4-4所示，其中：

a. 救援现场视频、音频与上级指挥部的对接由电视会议系统、音频矩阵、高清视频矩阵、语音网关共同实现。

b. 野外搭建时使用的 220kV 电源由燃油发电机提供。

c. 卫星通信车操作人员通过车内头枕监视器、折叠监视器，实施监控单兵设备采集回传的救援现场画面质量。

d. 对卫星通道的控制以及数据传输由两台卫星信号调制解调器，即 CDM−570 设备完成，天线控制器负责调整车载天线的角度、功率。

图 4−3　卫星通信车载站车内设备布置图

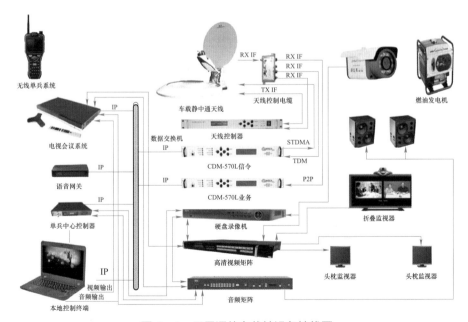

图 4−4　卫星通信车载站设备接线图

（3）卫星通信便携站总体外观及布局。

1）便携站总体外观。应急卫星通信便携站包括主设备、卫星天线、单兵系统以及辅助线缆，其中主设备整合在卫星便携箱内，高度集成，如图4-5所示。卫星天线和单兵系统设备分别放置在两个便携箱内，整套卫星通信便携站共包含设备箱三个，在应急救援情况下可以由车辆运载或者直升机空投，将卫星通信便携站迅速投放至救援一线，开展应急通信保障工作。

图4-5 卫星通信便携箱总体外观示意图

2）卫星通信便携站设备接线图。卫星通信便携站箱体内部设备接线情况如图4-6所示，其中：

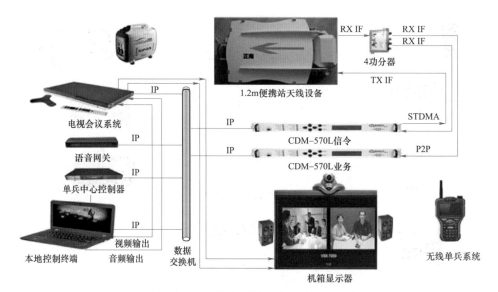

图4-6 卫星通信便携站设备接线示意图

a. 救援现场视频、音频与上级指挥部的对接由电视会议系统、语音网关共同实现。

b. 野外搭建时使用的 220kV 电源由燃油发电机提供。

c. 卫星通信便携车操作人员通过机箱显示器，实时监控单兵设备回传的画面质量。

d. 对卫星通道的控制以及数据传输由两台卫星信号调制解调器，即 CDM-570 设备完成。

e. 便携式天线设备需手动组装，可自动对星。

（4）卫星通信车载站（便携站）现场应用场景及效果。

应急卫星车（便携站）可以通过卫星通道将现场各类应急救援实时视频回传至各级应急指挥部，特别是针对野外地形复杂，公网通信无覆盖，也无法靠人力抵达的应急救援现场，应急卫星通信车（便携站）可以以单兵系统、无人机拍摄等方式将救援现场实时情况回传应急指挥中心，使得指挥部可以直观了解现场情况，科学决策。

3. 单兵系统

（1）单兵系统介绍。

单兵系统又称无线图传系统，是应急卫星车（便携站）的延伸。当救援一线卫星通信站搭建完成后，通信保障人员可背负单兵系统（见图 4-7），在救援现场灵活移动，手持摄像终端进行现场拍摄。单兵系统通过无线通信方式与卫星通信站相连，并通过卫星站将拍摄到的现场实况回传应急指挥部。

图 4-7　单兵系统应用场景示意图

（2）单兵系统外观。

单兵系统（见图4-8）分为背负式单兵终端、单兵中心站（控制站）两部分。单兵系统与卫星通信车载站和卫星通信便携站相连时，接线方式不同，设备略有不同，与卫星通信车载站互联时，单兵系统中心站集成在车载站的面板上（即车载中心站），不需单独架设，在与卫星通信便携站互联时，单兵系统中心站集成在单兵便携箱（即便携式中心站），方便移动。单兵系统的搭建和操作将会在第三节第五部分详细说明。

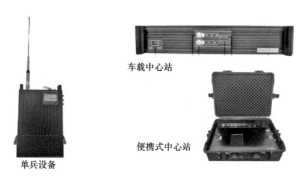

图4-8 单兵系统组成及外观

（3）应急救援现场应用场景及效果。

应急救援情况下，卫星通信站部署救援一线现场时，一般由1人负责卫星通信站的运行和各项操作，1～2人负责背负单兵设备进入现场拍摄，人员之间以单兵系统附带的无线对讲系统进行沟通，由卫星通信站操作人员负责下达具体的移动指令。

4. 无线对讲系统

（1）系统介绍。

无线对讲系统由对讲机终端和中继台（包括天线）组成。对讲机终端由应急救援队员手持，按下对讲按键即可完成对讲。中继台一方面作为基站，建立对讲信号覆盖，另一方面用于转发信号，增大对讲机有效通信距离。

（2）系统功能。

无线对讲系统可以使用自建频率进行对讲机组网，在公网信号丢失的情况下可以保持运行，实现小范围内自由对讲通信。语音清晰，用户容量大，基站和中继系统部署灵活，可以按照现场需要灵活进行分组，实现单呼、组呼、群呼功能，适合于救援一线现场工作组组内人员、各组队长之间通信。

第二节 应急救援现场通信保障教学知识模块

应急救援现场通信保障教学分为前线应急指挥部保障系统搭建和救援一线通信保障系统搭建，本节将对这两种场景下通信保障搭建过程分别开展教学。

一、前线应急指挥部通信保障系统搭建知识模块

（一）教学内容及要求

前线指挥部帐篷搭建完毕后，应急通信保障人员在现场负责人的指挥下，开展指挥部应急通信系统的搭建。按照顺序分为三步开展：① 启用卫星电话先行汇报现场情况，告知联络方式以及准备搭建卫星站的相关事宜；② 搭建卫星站打通前后方视频会议通道，确保上下指挥通道；③ 对现场指挥部内部视频会议系统软硬件进行完善，包括视频终端、话筒等。各步骤的教学方案见本节第三部分。

（二）注意事项

前线指挥部应急通信保障系统搭建的主要危险点是必须防范触电，应急通信装备应轻拿轻放，防范渗水，并严格做好接地。实训期间进行设备调试时，必须服从现场负责人和国网卫星通信中心站的指挥，严格按照操作步骤开展实训。

（三）装备清单

前线指挥部应急通信系统搭建设备及材料清单见表4-1。

表 4-1　　　　　　　前线指挥部应急通信系统搭建设备及材料清单

序号	装备名称	单位	数量	备注
1	卫星电话	台	2	铱星、欧星、海事或天通卫星电话均可
2	卫星通信站	套	1	根据教学单位实际情况，卫星通信车载站或卫星通信便携站均可
3	单兵图传系统	套	1	可选，包括线缆及手持摄像装置等辅助设备
4	视频会议场附属设备	套	1	包括电视终端、话筒、高清线缆（HDMI）等会场常用设备

二、救援一线现场通信保障系统搭建知识模块

（一）教学内容及要求

前线指挥部应急通信系统搭建完毕后，学员在负责人的指挥下开展救援一线应急通信保障系统的搭建。按照顺序分为三步开展：① 启用卫星电话先行汇报现场情况，及时接收指令；② 搭建卫星站打通至应急指挥部视频会议通道，搭建单兵通信系统回传视频画面；③ 搭建救援现场无线对讲系统。各步骤的教学方案见本节第三部分。

（二）注意事项

救援现场应急通信保障系统搭建时必须防范触电，应急通信装备应轻拿轻放，防范渗水，并严格做好接地。实训期间进行设备调试时，必须服从现场负责人的指挥，与国网卫星通信中心站密切沟通，严格按照操作步骤开展实训。

（三）装备清单

救援一线应急通信系统搭建设备及材料清单见表 4-2。

表 4-2　　　　　　救援一线应急通信系统搭建设备及材料清单

序号	装备名称	单位	数量	备注
1	卫星电话	台	2	铱星、欧星、海事或天通卫星电话均可
2	卫星通信站	套	1	根据教学单位实际情况，卫星通信车载站或卫星通信便携站均可
3	单兵图传系统	套	1	必选，包括线缆及手持摄像装置等辅助设备
4	无线对讲设备	台	5	自组网无线对讲设备为佳

第三节 应急救援通信保障典型教学方案

一、应急救援通信保障教学总体方案

（一）教学目标

通过培训和训练，使应急救援队员了解卫星电话、卫星通信便携站、卫星通信车载站、无线对讲系统的搭建和使用方法，通过学习，达到熟练使用卫星电话，快速搭建卫星通信系统，建立救援现场和指挥机构的通信通道，快速建成应急指挥渠道的过程。

（二）教学重点

（1）卫星电话的开机、对星、拨号规则和日常维护方式。

（2）卫星通信便携站的面板分布、线缆接线方式、搭建过程中需要注意的安全问题和常见错误。

（3）卫星通信车载站的车载设备功能、各设备的接线、油机的使用方式。

（4）无线对讲系统的搭建要点和设备维护重点。

（三）教学难点

卫星通信车载站、便携站的通信通道搭建需要在本地完成设备安装、线缆接线、卫星天线对星和数据配置后，与国网卫星通信中心站联络合作调试通道的性能，需要与应急指挥中心调试画面质量和拍摄对象，实时做好沟通和配合工作。

（四）学时分配

应急救援通信保障系统教学课时分配见表4-3。

表4-3 应急救援通信保障系统教学课时分配

序号	教学内容	学时
1	卫星电话操作	1
2	卫星通信便携站的搭建	4
3	卫星通信车载站的搭建	4
4	单兵系统的搭建	2
5	无线对讲系统的搭建	1

二、卫星电话操作教学方案

本节对目前国家电网范围内常用的铱星卫星电话以及天通卫星电话使用操作方法进行教学。

（一）铱星卫星电话使用教学

1. 对星操作方法

（1）将 SIM 卡插入卡槽，卡紧卡槽，盖上电源板，用力压紧，旋转纽环确认电池已固定；

（2）观察周围环境，尽可能空旷无遮挡；

（3）展开电话天线并长按侧边电源键开机；

（4）进行对星，调整天线方位，直到锁住卫星；

（5）屏幕显示"已注册"，表明可以正常使用。

2. 铱星电话拨号方式

（1）卫星电话→国内普通手机：0086＋手机号码，例如008613333333333；

（2）卫星电话→国内固话：0086＋571（区号，不用加0）+座机号码，例如008657512345678；

（3）国内普通电话→卫星电话:0088＋手机号,例如008813900000000。

（二）天通卫星电话的使用

以下基于中国电信天通卫星电话，叙述天通卫星电话的操作过程，主要流程如图4-9所示。

1. 对星操作方法

（1）观察周围环境，尽可能西南方空旷无遮挡；

（2）展开电话天线并长按侧边电源键开机；

（3）打开"对星助手"App，根据 App 提示，进行对星，调整天线方位，直到锁住卫星；

（4）当信号值达到可入网标准后，等待注册入网；

（5）入网成功后，可退出对星助手，参照普通手机使用方法拨打电话。

长按电源键开机 | 展开卫星天线并点击"对星助手"App | 点击"开启"启动自动对星 | 根据提示调整卫星电话天线方向

参照普通手机使用方法拨打电话 | 卫星电话注册成功已入网，可退出对星助手 | 接收到卫星信号，强度达标时开始注册入网 | 达到大致方位后，系统开始自动扫频

图4-9 天通卫星电话操作步骤

2. 语音拨号方式

以下假设天通卫星电话号码17400571824，用户手机15322222222普通固话0571-22222222，叙述天通卫星电话拨号方式。

（1）卫星电话拨打用户手机：卫星电话按普通手机拨打国内15322222222；

（2）卫星电话拨打国内普通电话：卫星电话按普通手机拨打国内长途方式拨号0571-22222222；

（3）卫星电话拨打国内短号（110、10000等）：需要加拨区号0571110。

3. 卫星电话使用注意事项

（1）雷雨天禁止使用卫星电话，以确保人身安全；

（2）尽可能避免卫星电话进水；

（3）定期保养电池，确保入库前达到 70% 以上电量；

（4）定期拨测卫星电话，了解电话维护情况。

三、卫星通信便携站搭建教学方案

（一）卫星通信便携站搭建教学

卫星通信便携站的搭建分为三步进行，分别是搭建准备、搭建启动、搭建结束，本节将按照顺序进行教学。

（二）卫星通信便携站搭建准备

1. 卫星通信通道申请

在启动使用应急卫星通信车之前，首先应按照"应急卫星通信系统启动申请程序"向有关部门申请应急卫星通信系统的启用和频率申请。

2. 卫星通信便携站安放

（1）卫星通信便携站天线应该指向正南放置（指南针），地面应平整、结实，指向没有遮挡物；

（2）天线周围附近没有铁器支架、网格等铁器物品；

（3）卫星通信便携箱和单兵通信便携箱应尽量放在避雨、避风的区域；

（4）卫星通信便携箱和发电机在设备运行前必须将接地棒插入湿地，并安装接地线。

3. 卫星通信便携站天线展开

（1）打开天线包装箱，取出天线主机，按照上面的要求确定放置场所（地点）。

（2）根据天线主机盖板上的指北针（白色指针指向南方）摆放好主机，使天线反射面朝南放置，如图 4-10 所示。

图 4-10　卫星通信便携站天线主机架设示意图

（3）将两个防风支架打开，展开角度根据实际情况而定。

4. 卫星通信便携站天线底座电缆连接

（1）卫星通信便携站天线与卫星通信便携箱电缆连接方法。便携站天线与卫星通信便携箱需要完成电源线、接收端与发射端电缆的互连，如图4-11所示。

图4-11 卫星通信便携站天线电缆连接端子图

1）将交流220V供电电缆接入天线箱上"电源输入"接口。加电后"电源指示灯"常亮。

2）将L波段中频电缆"接收""发射"分别于便携站天线的"接收""发射"连接。

3）将L波段中频电缆的另一端"功放""LNB"分别与卫星通信便携箱的"功放""LNB"连接，如图4-12所示。

图4-12 电缆连接示意图

4）将卫星通信便携箱的220V输入与电缆相连，电缆另一端与电源或柴油发电机相连连接（此时需确保电源未接通），如图4-13所示。

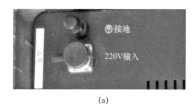 

（a）　　　　　　　　　　　　（b）

图4-13 卫星通信便携箱电源连接示意图

（a）卫星通信便携箱220V输入端子；（b）卫星通信便携箱电源线

（2）卫星通信便携箱与单兵通信便携箱电缆连接。

卫星通信便携箱与单兵通信便携箱之间将网线"网络 1"一端插入卫星便携箱的"网络 1"口，将网线"以太网"一端插入单兵便携箱"以太网"口，如图 4-14 所示。

图 4-14　卫星通信便携箱与单兵通信便携箱互联示意图

（3）安装卫星通信便携箱地线和发电机接地线。

1）接地棒接地带一端线鼻子拧紧在卫星通信便携箱接地端子螺丝位置，卫星通信便携箱接地线安装完成；

2）如需要启动发电机设备，接地棒接地带一端线鼻子拧紧在发电机接地端子。

（4）卫星通信便携站连接市电或发电机电源。在接通市电或发电机电源前，首先检查卫星通信便携箱和单兵通信便携箱各个开关处于关闭状态，在开关状态处于关闭后可接通电源。

（三）卫星通信便携站搭建启动并使用

1. 卫星通信便携站天线底座加电、拼接天线反射面

（1）给卫星通信便携站天线底座和卫星通信便携箱加电。

（2）加电后，系统自动调用最近一次使用后参数进行初始化。

（3）"一键通"开关指示灯常亮，系统启动完毕后指示灯开始闪烁。

（4）点"一键通"键，底座开始展开天线到安装位置。

（5）"一键通"开关指示灯此时处于闪烁状态，等待安装天线组件。

（6）安装天线反射面各边瓣按照天线主机面板后所贴"天线反射面安装图"按面板编号进行拼装，如图 4-15 所示，先安装左下侧①号面板，然后再安装右下侧②号面板。安装时将反射面的金属预埋钉精准插入中央反射面的插孔中，然后用搭扣将两部分锁紧。

图 4-15 卫星通信便携站天线反射面频接示意图 1

（7）将中央反射面上方的三块边反射面先安装在一起，用搭扣锁紧作为整体，一次性安装在天线主体安装完成，如图 4-16 所示。

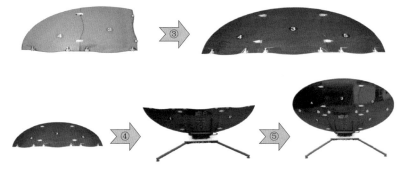

图 4-16 卫星通信便携站天线反射面频接示意图 2

2. 卫星天线对星

（1）天线组件安装完成后，按一下"一键通"开关按键（当 GPS 未定位时需要按两次，第一次是跳过 GPS 定位判断），此时，指示灯熄灭，天线初始化，开始对星。

（2）天线跟踪到目标卫星后，开始进行方位、俯仰的粗调及微调，微调结束后，天线处于静止状态。此时"一键通"开关指示灯常亮，表明已对准目标卫星。

（3）对星完成后开启卫星通信便携站功放电源（BUC 电源）。

（4）对星较长时间不成功，短按"一键通"按键，天线复位重新开始对星。

3. 建立卫星链路

（1）确认信令 CDM-570L RX TRAFFIC 灯已经亮起，说明卫星通信便携站已经接收到主控站的信令信号。

（2）通知国网卫星通信中心站卫星通信便携站已经准备就绪，申请开通卫星通道。

（3）国网卫星通信中心站对 CDM-570L 分配一对频率。

（4）国网卫星通信中心站频率分配后，观察 CDM-570L 信令设备发射灯 TX TRAFFIC 和 CDM-570L 业务设备接收灯 RX TRAFFIC 亮起，说明卫星通信双向链路已建立，如图 4-17 所示。

图 4-17　卫星通道双向链路建立示意图

4. 业务传输

（1）打开显示器开关，呼叫应急指挥中心将卫星通信便携站拉入视频会议。

（2）开启单兵设备，测试设备运行正常后前往应急现场，通过单兵摄像头将现场视频回传应急指挥中心，并保持联系。

（四）便携站关闭并收起

1. 收起天线

（1）收到应急指挥中心视频传输结束的通知后，启动卫星通信便携站关闭工作；

（2）确认 CDM-570L 信令设备射频发射灯 TX TRAFFIC 在闪烁，CDM-570L 业务设备射频接收灯 RX TRAFFIC 灭掉；

（3）关掉卫星通信便携站功放电源（BUC 电源）；

（4）确认卫星通信便携站天线在待命状态，进行天线收藏操作；

（5）长按"一键通"开关按键 5s 以上，指示灯由常亮变成熄灭，天线开始进行收藏进程然后松开；

（6）天线俯仰调整角度，待其"一键通"开关指示灯为闪烁状态；

（7）将天线反射面按顺序收藏、装箱完毕后，按一下"一键通"开关，天线自动转位至初始位置；"一键通"开关指示灯闪烁（如需重新启动按一下"一键通"开关），拆卸收、发 L 波段电缆、电源线，合上防风支架，天线收起完成；

（8）将天线系统各设备装入外包装箱，并固定可靠。

2. 关闭设备电源

（1）依次关闭便携箱设备电源；

（2）收拾好连接电源线缆、接地线等，所有设备、线缆装箱。

四、卫星通信车载站搭建教学方案

（一）卫星通信车载站搭建教学

卫星通信车载站的搭建分为三步进行：搭建准备、搭建启动、搭建结束，本节将按照顺序进行教学。

（二）卫星通信车载站搭建准备工作

1. 应急通信任务申请

在启动使用应急卫星通信车之前，首先应按照"应急卫星通信系统启动申请程序"向有关部门申请应急卫星通信系统的启用和频率申请。

2. 车辆停放的相关要求

（1）车辆应该车头向北放置，通信车天线指向没有遮挡物；

（2）应急通信车周围附近没有铁器支架、网格等铁器物品；

（3）车辆停放地面平整、结实，便于支撑腿的启动，取市电方便或放置发电机方便。

3. 启动车辆支撑脚

（1）启动车辆，在车辆支撑腿下提前放置撑垫木；

（2）开启支撑腿驱动器电源启动支撑腿，搬动驱动器群支、群收开关至群支位置，如图4-18所示。

图4-18　卫星通信车支撑腿驱动器启动示意图

（3）驱动支撑腿至合理位置后驱动器自动关闭，关闭支撑腿驱动器电源。

4. 安装车辆地线和发电机接地线

（1）取下电源盘，将车辆接地棒插在车辆附近湿地内，接地棒接地带一端线鼻子拧紧在电源盘固定螺丝位置，完成车辆接地线安装。

（2）如需要启动发电机设备，接地棒接地带一端线鼻子拧紧在发电机接地端子固定螺丝位置，发电机接地线安装完成。

5. 车辆接市电或发电机电源

（1）在接通市电或发电机电源前，首先检查配电盘，各个开关处于关闭状态，在配电盘开关状态处于关闭后可接通电源，如图 4－19 所示。

（三）卫星通信车载站搭建

1. 接通设备电源

（1）检查各车载设备处于关闭和良好状态；接通市电或启动发电机。

（2）将外接市电电源插头或发电机电源连接至车辆外接电源插座（见图 4－20）。

（3）开启 UPS 设备，待 UPS 电源运行正常后，在车内配电盘（见图 4－19）开启相关设备。

图 4－19　卫星通信车内配电盘　　　图 4－20　车辆外接电源插座

2. 启动卫星天线

（1）开启天线控制器，教学情况下，天线控制器参数已预设，不需要修改，天线控制器面板如图 4－21 所示；

TS-VOK1200车载天线控制器前面板图

图 4－21　天线控制器操作面板

（2）如应急卫星车载车本次任务地点和上次任务地点相差30km以上，应查看天线控制器"GPS"数据是否更新，如天线控制器"GPS"数据没有及时更新，需要待"GPS"数据更新后再启动天线操作；

（3）待屏幕出现"天线控制""系统设置""监控显示"时，通过面板左右键选择"天线控制"再按确认键，天线开始自动寻星，屏幕显示"天线对星中…"；

（4）当屏幕中显示"天线对星完成"时，天线寻星工作结束。

3. 建立卫星链路

（1）通知国网卫星通信中心站，本地卫星通信车载站已经准备就绪，申请与开通卫星通信业务；

（2）确认CDM-570L信令设备RX TRAFFIC灯已经亮起，说明卫星通信车载站已经接收到国网卫星通信中心站的信令信号；

（3）国网卫星通信中心站为本地卫星通信车载站CDM-570L分配频率后，CDM-570L信令设备的发射灯TX TRAFFIC和CDM-570L业务设备的接收灯RX TRAFFIC亮起，建立应急卫星通信双向链路完成，如图4-22所示。

图4-22　天线控制器操作面板

4. 视频业务传输

（1）卫星通信双向链路搭建完成后，联系应急指挥中心，打开折叠显示器，等待应急指挥中心建立视频会议，并呼叫本地站；

（2）卫星通信车载站可通过Polycom会议系统音频传输系统或应急通信车电话系统加入省公司应急指挥中心会议；

（3）按照应急指挥中心要求，进行视频矩阵设备切换，从单兵视频、车顶摄像头、电脑视频信号等多种信号源中选择一路信号，作为前线指挥部会场画面，上送至应急指挥中心。

5. 视频矩阵切换

（1）根据会议需求，卫星通信车载站操作人员通过切换视频矩阵的输出，向总指挥部发送视频信号。卫星通信车载站视频矩阵面板各端子的数据情况如表4-4所示。

表4-4　　　　　　　　　　　视频矩阵端子一览表

类型	信源（输入）							
编号	1	2	3	4	5	6	7	8
名称	硬盘录像机	外接视频输入	视频终端	备用	车顶摄像机	图传解码器	AV外接端口	备用
格式	VGA	VGA	HDMI	HDMI	AV	AV	AV	AV
类型	信宿（输出）							
编号	1	2	3	4	5	6	7	8
名称	折叠显示器	外接视频输出	视频终端	备用	左枕显示器	右枕显示器	AV外接端口	备用
格式	VGA	VGA	VGA	VGA	AV	AV	AV	AV

（2）通过矩阵切换将视频矩阵上的输入端和输出端在矩阵内部对接，将输入的数据转发至输出端子上，进行数据发送。矩阵切换的操作方式如图4-23所示。

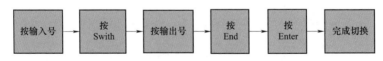

图4-23　视频矩阵信号对接操作示意图

6. 音频矩阵切换

（1）根据会议需求，卫星通信车载站操作人员通过切换音频矩阵的输出，向总指挥部发送当前视频信号对应的音频信号。卫星通信车载站视频矩阵面板各端子的数据情况如表4-5所示。

表4-5　　　　　　　　　　音频矩阵端子一览表

类型	信源（输入）							
编号	1	2	3	4	5	6	7	8
名称	视频终端	图传解码器	备用	外接输入	空	空	空	空
类型	信宿（输出）							
编号	1	2	3	4	5	6	7	8
名称	视频终端	图传解码器	音响	外接输出	空	空	空	空

（2）通过矩阵切换将视频矩阵上的输入端和输出端在矩阵内部对接，将输入的数据转发至输出端子上，进行数据发送。矩阵切换的操作方式如图4-24所示。

图4-24　视频矩阵信号对接操作示意图

（四）卫星通信车载站关闭并收起

1．收起天线

（1）收到应急指挥中心视频会议结束指令，通知国网卫星通信中心站开展卫星通信车载站关闭操作；

（2）观察到CDM-570L信令设备的射频发射灯在闪烁，CDM-570L业务设备的射频接收灯灭掉；

（3）确认车载静中通天线在待命状态，进行天线收起，按动天线控制器"↑""↓""←""→"键，选择天线控制器"天线收藏"（显示）后按确认键，天线实施收起操作；

（4）在收起过程中时刻观察天线状态，如出现问题立即停止，排除问题后再继续；

（5）待天线控制器显示"天线收藏完毕"后，工作结束。

2．关闭通信车载站设备电源

（1）确认天线收藏工作结束；

（2）严格按照次序开展设备关闭操作，关闭 UPS 设备；关闭电源盘总开关；撤掉市电电源或发电机电源；复位车载发电机；收拾好连接电源线缆、接地线等。

3. 收起车辆支撑腿

（1）设备电源系统关闭后，收起车辆支撑腿；

（2）启动车辆，开启支撑腿驱动器电源，搬动驱动器群支、群收开关至群收位置；

（3）驱动支撑腿至合理位置后驱动器自动关闭，启动车辆支撑腿收起进程完毕；

（4）收好支撑腿枕木等物品，关闭驱动器电源；

（5）在车辆长时间不使用时，应该开启车辆支撑腿，以保护车辆。

五、单兵通信（无线图传）系统搭建教学方案

（一）单兵系统搭建总体情况

单兵系统搭建分为控制站搭建和终端搭建两步，针对卫星通信车载站和卫星通信便携站，控制端搭建方式不同。

单兵系统设备在各地存在差异，本部分对单兵系统搭建过程主要步骤进行叙述，具体系统搭建需系统负责厂家进行实地指导。

（二）卫星通信车载站单兵控制站搭建

1. 单兵天线架设及连线

在车顶储物盒取出单兵天线，将天线固定在车尾，天线馈线一端连接在单兵控制站天线尾端馈线管处，一端连接在车顶天线孔上。单兵主站架设时不需要考虑方位角，但应尽量使单兵主站的天线位置架高，提高信号覆盖距离。

2. 车载无线图传中心控制器设备开机

当应急通信车电源系统启动后，启动单兵系统控制站，明确系统"路由模式"状态、"入网设备"数量等运行信息。

3. 特别注意

在设备开机前，确保设备天线已经安装牢固，避免因功率过大导致攻

防模块损坏。

（三）卫星通信便携站单兵控制站搭建

1. 单兵天线架设及连线

（1）先将三脚架展开，选择合适增益（天线越长，增益越大）的天线，并用 2 个 U 型固定环将天线固定在三脚架上，检查三脚架是否稳定。U 型环及固定方式如图 4−25 所示。

图 4−25　单兵天线固定方式示意图

（2）连接单兵天线馈线至单兵系统中心站，如图 4−26 所示。

图 4−26　单兵天线与单兵中心站的简介示意图

2. 开启单兵系统管理平台

（1）单兵中心站需外连笔记本电脑，开启单兵系统管理平台，平台用于调度单兵系统画面、音频输出，控制单兵加入或退出应急指挥中心视频会议。

（2）各厂家的单兵系统管理平台需厂家现场指导教学，本教材不再赘述。

3. 单兵中心站与卫星通信便携站互联

根据前线指挥部及救援一线通信保障需要，需将单兵中心站与卫星便携站互联，用于传输单兵系统采集的音视频信号至后方各级指挥部。将在单兵中心站的音频出、音频入、视频输出等接口，分别卫星通信便携站对应接口对接即可，如图 4−27 所示。

单兵中心站接线　　　　　　　　　　卫星中心站接线

图 4−27　单兵中心站与卫星通信便携站界限示意图

4. 单兵中心站设备开机

（1）长按单兵中心站电源总开关按钮约 3s，开启电源。解码器开关只需要按一下就可以启动。开启成功后按钮有绿色背景灯常亮，如图 4−28 所示。

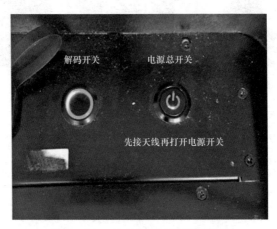

图 4−28　单兵中心站开机示意图

（2）单兵中心站开机后，使用电脑终端登录单兵系统控制平台，对系统进行调试。

（四）单兵终端搭建

单兵中心站及天线搭建完毕后，通信保障人员背负单兵终端，手持摄像机在前线指挥部或救援一线活动，拍摄现场工作画面并通过卫星通信站回传各级应急指挥部。

单兵系统与卫星通信车载站、卫星通信便携站连接时，单兵终端的搭建和使用方式完全一致。本部分对常用的背负式单兵终端搭建方式进行教学。

1. 单兵电池安装及天线连接

打开单兵收纳箱，将单兵电池安装到单兵终端的底部，并扣紧两侧的挂耳。每台单兵终端配备有两根增益不同的天线，根据增益需求选择一根安装到单兵终端主面板的左边天线孔。

2. 音视频源连接

单兵终端侧面总共有三个接口，其中单兵系统的摄像机终端通信耳麦占用两个接口，MIC 接单兵的音频入，SPK 接单兵的音频出。视频接口接到摄像头的 DV 接口，用于传输图像数据，如图 4-29 所示。

DV接口　　　　　单兵组装完成效果图

图 4-29 单兵终端与摄像机的接线示意图

3. 开启单兵终端

（1）连接好单兵天线、中心站及卫星通信站后，确认单兵终端距离单兵中心站架设天线 10m 以上。长按单兵终端面板上左边的开机键约 3～5s，开机成功后面板上灯会常亮，如图 4-30 所示。

（2）单兵中心站的单兵系统管理平台将可以探测到此终端，并对其进行管理调度。

开机前　　　　　　　　　　　　　　开机后

图4-30　单兵终端开机示意图

六、无线对讲系统搭建教学方案

无线对讲系统的品牌种类繁多，按照技术分类可分为数字模式和模拟模式两种，常用通信频率为 U 带（中心频点 435MHz）以及 V 带（中心频点 145MHz）。数字对讲系统在通信时可语音加密，但必须使用专用的写频并分配 ID 才能联通，模拟对讲系统只要通信频率即可互通，但在保密性方面较弱，在实际应用时根据需求选取。

无线对讲系统基于基站和中继台进行语音信号传输。其中中继台可以大幅扩展通信范围，提升对讲系统容量、呼叫范围和通信能力。根据对讲系统的技术特点，中继台也可分为数字中继台和模拟中继台（见图4-31）两类。数字中继台的集成度和设备体积较模拟中继台更精简。

数字中继台

模拟中继台

图4-31　数字中继台及模拟中继台设备图

本节仅对无线对讲系统搭建过程中的注意点进行说明。

（一）无线对讲系统基站中继台和天线搭建重点

（1）通信天线尽可能架设到高处，使电波传播距离增加。使用支撑杆支撑天线，且注意防风、防雷。

（2）架设天线要避开周围障碍物，力求做到在信号传输上无阻挡。对输电线铁塔等小障碍物要离开天线一定的距离，最好不要位于通信方向上；对高地的陡峭斜坡、金属、石头和钢筋混凝土建筑等大障碍物，则要求离开天线的距离越远越好。

（3）高频电缆不要笔直垂下，最好绕一圈，固定后，使受力分散，同时也有避雷作用，电缆应笔直放置，绝对不允许 45°以上的弯曲，电缆接头间务必采用专用防水胶带密封。

（4）天线与高频电缆通常是用联接器连接，必须旋接紧密，卷上防水胶带，防止水渗入。

（5）在阴雨天有雷电地区，要加装专用馈线避雷器或架设避雷针。避雷设施在条件允许下应尽量远离天线，以免影响天线方向性。避雷设施应高于天线，且保护角（即避雷针顶点与天线顶点的连线同避雷针的夹角）应小于 45°。馈线避雷器或避雷针一定要接地，通信设备电源的地线也应接地。

（6）基站及中继台的天线安装总体架构如图 4-32 所示。

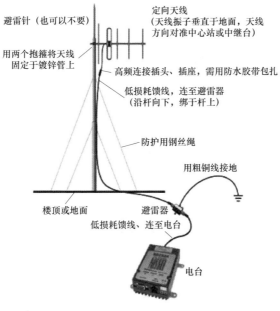

图 4-32　无线对讲系统天线安装要点

（二）无线对讲系统中继台天线和馈线的维护

（1）由于天线和馈线长期在室外恶劣气候条件下使用，必须定期维护保养，包括定期涂漆、涂油、密封，尤其是微波信号接触部位需重点照顾。对氧化腐蚀现象及时采取措施；对用以密封的橡胶零件，如发现老化开裂，应及时更换。

（2）为了方便运输，天线通常为两节的结构。因此在天线中间的连接部位务必使用防水胶带进行密封处理。天线的底部即金属管和玻璃钢管连接部位也要进行必要的防水密封措施。

（3）天线的馈线接头和馈线的连接部位是暴露在常温下的，务必要考虑防水的必要性。整机安装架设完毕后，先用阻波器测一下阻波然后进行通信距离的测试并且记录，以便于日后的对比使用。

（4）如果使用中性能发生变化，请检查馈线与天线接头的防水情况。假如一旦进水，用吹风机吹干重接，那么进水一端的馈线务必要废弃 1m 以上。

（5）通信主机和天线不可水平方向放置。且尽量使天线和主机高低放置且间隔 10m 距离。

（6）馈线进入机房时需要考虑雨水倒灌，通信馈线严禁弯曲 45° 以上。

（7）天线安装，保持空旷且在无高压电缆的区域，要求越高越好，天线安装务必垂直。必须使用牢固的支撑杆且离开建筑物 6m 以上距离。

第五章 应急救援后勤保障

第一节 应急救援后勤保障概述

"兵马未动，粮草先行"历来是军事谋略的根本，在类军事或半军事化的应急救援工作中，有效的后勤工作提供充分及时有效的应急保障，不仅为应急工作争取到第一时间，同时保证了应急指挥部和现场工作的有序开展。

后勤保障是组织实施物资供应、现场紧急救护、装备维修、交通运输等各项专业勤务保障的总称。应急救援后勤保障是指在救援队伍实施重特大自然灾害救援、参与处置突发事件时，后勤部门在最短的时间内，以最快的速度为一线救援提供救援必需的一些特殊器材装备，保证油料等消耗物资的不间断供应，为现场受伤人员的救护建立绿色通道，保证现场损坏的车辆、装备的快速抢修，以及根据不同季节、气候、时间为救援人员提供饮食、服装等保障。

为救援队伍提供物质保障是应急救援后勤保障工作的基本内容，物资保障工作的顺利进行是应急救援行动成功与否的重要保障，良好的物资保障工作能够确保救援队伍有保质保量的工作材料可以供给使用，给救援人员提供物质保障是应急救援后勤保障工作最为基本、最为重要的作用。

应急救援后勤保障过程中，需对不同救援行动的实际情况进行分析，对于每次救援行动的实际物资使用情况进行探究和研讨，制定出合理、高效的物资使用预算方案，在预算方案的执行过程中要严格、合理地控制各种物资的成本，及时对仓库中的各种救援物资进行核查，保证救援队伍对物资进行合理的使用，通过对物资和人员的合理配置，科学地提高物资的使用效率与使用效果，力争使得用更少的资源发挥更大的效益，提高物资的使用效率。

衡量一个单位是否具备电力应急救援保障能力，可以从三个方面判断：① 有无应急物资储备，比如发电车、发电机、导线、电缆等配套物资；② 有无救援力量，参与救援的应急队员应训练有素，具备应急救援能力，上场就能有序开展工作；③ 有无抗击二次灾害能力，因为灾害现场情况瞬息万变。

同时电力应急救援后勤保障需要靠相关的装备进行支撑，后勤保障装备是指实施应急救援的后勤保障的装备，它是保障应急队员作战不可缺少的物质条件。在电网企业应急抢险救灾中，后勤保障装备可分为交通运输保障装备和人员后勤生活保障装备。电力企业在应对突发事故或紧急状态时，需要各种类型的后勤保障装备支持其运转。如果各种资源配置不到位，没有相应的保障，应急救援的能力将受到限制，且难以有效地开展事故的预防、准备、响应、善后和改进等管理工作。因此，配备不同类型的后勤保障装备是开展应急救援的必要前提，对提升企业应对突发事故或紧急情况的应急能力具有非常重要的意义。

第二节　应急救援后勤保障教学知识模块

一、餐饮保障教学知识模块

后勤生活保障装备是指为保障救援人员正常生活所需的装备的总称。电网企业在野外作业后勤保障及生活设施上目前大多采用成品的工作餐车。

一般车内配备蒸饭车、双眼或单眼灶台、洗菜池、冰柜、净水箱、污水箱等餐厨必备设备。采用液化气、燃油、柴火、太阳能、电能作燃料。非常适合野外作业人员的集中就餐。它有简洁大气的外观、合理的内部布局、全不锈钢的内饰，是一种干净卫生的炊事车。

自行式餐车是主要用于在野外条件下提供饮食保障的专用车辆。自行式炊事车、野战主食加工车、野战面包加工车、食品冷藏车和保温车、野战给养器材、热食前送器具、班用小炊具和单兵炊具等，构成了加工、储存、分发、前送相配套的战场饮食保障装备体系，大大提高了机动饮食保障能力，满足了野外作业人员的各种情况下的饮食保障需求。自行式餐车如图5-1所示。

图5-1　自行式餐车

二、交通工具保障教学知识模块

应急交通运输保障装备是指在各种自然灾害和公共安全事件等非战争事件发生、启动应急响应预案后，综合运用铁路、公路、水路、航空多种运输方式，统筹利用交通运输资源，采取非常规手段和技术方法，保障人员、装备和救灾物资快速、准确、安全送达。

1. 陆路运输装备

陆路运输装备以汽车为主（公路运输和非铺装路面运输），摩托车、小型四轮车、人力车、畜牧、畜牧车为辅的方式。陆路运输装备常用吊车、货运车、四驱越野型皮卡、四驱方向盘 ADV 车、四驱手把式 ADV 车、雪地车、越野摩托等。

在驾驶过程的前后阶段，车辆的维护和管理也是一个非常重要的环节。

车辆维护应贯彻预防为主、强制维护的原则。经常保持车容整洁；及时发现和消除故障隐患，防止车辆早期损坏；减少机件磨损，延长车辆使用寿命。保持车辆良好的技术状况可以满足运输生产需要，增加产量，提高效益。

车辆维护必须遵照规定的行驶里程或间隔时间，按期强制执行，即必须严格按规定周期进行维护作业，不应随意延长或提前进行作业。各级维护的作业项目和作业周期的规定，应根据车辆结构性能、使用条件、故障规律、配件质量以及经济效果等情况，综合考虑。随着运行条件的变化和新工艺、新技术的采用，维护项目和维护周期经公路运输管理机构同意后，可及时进行调整。

车辆维护作业主要包括清洁、检查、补给、润滑、紧固、调整等。因此除主要总成发生故障，必须解体（拆开进行检查、测定、处理等）的情况外，车辆维护作业不得对总成进行解体，以免浪费人力、物力，延长作业时间，影响总成或部件的正常技术状况。如果运输单位和个人不具备相应的维护能力时，其运输车辆应在交通运输管理部门认定的维修厂（场）进行维护，并建立维护合作关系，以保证车辆维护质量和按期维护，避免影响或延误运输生产。维修厂（场）必须认真进行维护作业，确保维护作业时间，尽量为运输单位和个人减少车辆在维护（包括待维护）车日。车辆维护作业完成后，应将车辆维护的级别、项目等内容填入车辆技术档案，并签发合格证。

2. 水上运输装备

水上运输装备是指能实现水域运输装备的总称，常用的水上运输装备有浮动码头、橡皮艇、水陆两栖艇、水陆两栖车等；因橡皮艇在洪涝灾害中属于使用频率较高的装备，本节重点介绍橡皮艇的组装与使用。

橡皮艇组装前需把橡皮艇艇身和配件平铺整齐摆放在地面平整的区域，正确掌握每个独立气囊的充气及放气方法，按顺序依次安装艇身底板、卡条、座板、船桨。安装完毕后检查各部位组件是否牢固以及气囊的密闭性。拆除与安装的步骤与之相反。

橡皮艇的使用者必须熟悉国家有关驾驶和使用橡皮艇的法律、法规、海洋法规和安全守则。可能影响橡皮艇使用的因素包括如下方面：行船地点和当地政府要求，船只的用途，行船时间，行船环境以及船只的尺寸、航速、航线、类型（动力型，手划型等）。

在严格遵守橡皮艇使用的各项政策、法律、法规后，还需注意以下安全事项：① 饮酒后或服药者最好不要使用橡皮艇；② 使用橡皮艇之前要了解天气和周围环境以及当地水域情况，如风向、风速和潮汐等；③ 配备适量救急药物，艇上的救急设施按有关规定准备完善；④ 检查艇身、船桨和其他配件是否有损坏，气压是否充足安全，并装备必要的基本设备如充气泵等；⑤ 使用者应穿上救生衣并佩带救生浮具；⑥ 艇上的载重要均匀，艇载不能超负荷；⑦ 不可使用与艇不匹配的舷外机，舷外机动力不能超过额定功率；⑧ 出发前务必向有关组织、家人或朋友告知出发的时间、地点和返程时间；⑨ 如果在夜间行驶或为防止天气突变，须配备航海用的照明灯，并注意在夜间不要做任何冒险行为；⑩ 如需长途使用，要增加救急设备以及照明工具、药箱和足够的食物与水；⑪ 操作舷外机时切勿突然加速或减速，舷外机使用不当有可能会导致艇身破裂，容易造成人员受伤甚至死亡；⑫ 在驾驶橡皮艇时要留意周围的游泳人士，切勿接近或让游泳人士接近船的周围尤其是船尾部分；⑬ 使用橡皮艇还需注意保护环境，要留意在使用时流出的汽油和汽油渣滓，处理好油漆、除漆剂或清洁剂等。

三、装备保障教学知识模块

电网企业应急救援装备，是指在电力系统遭受突发灾害时，电网企业用于应急管理与应急救援的工具、器材、服装、技术力量等，如应急发电车、生命探测仪、防护服、液压破拆工具、无线单兵技术、GPS 技术等各种各样的救援装备和技术装备。

电网企业在开展应急救援工作中所采用的装备种类繁多，专业性强且功能不一，可按其适用性和具体功能进行分类。

电网企业应急救援装备有的适用范围非常广，能够用于不同类型灾害事故救援，而有的则具有很强的专业性，只能用于特殊类型灾害事故救援。根据电网企业应急救援装备的适用性，可分为通用性应急救援装备和专业性应急救援装备。

通用性应急救援装备主要包括：单兵个人装备，如安全带、安全帽、护目镜等；应急通信装备，如对讲机、移动电话、固定电话等。

专业性应急救援装备，因灾害事类型的不同而各不相同，可分为电力抢险装备、危险品泄漏控制装备、专用通信装备、医疗装备、野外救生装备、消防装备等。

电网企业在开展应急救援工作时所采用的装备根据其具体功能可分为应急救援单兵装备、应急供电装备、水上救生装备、应急通信装备、高空救援装备、救援破拆装备、后勤保障装备、现场紧急救护装备等八大类及若干小类。

1. 应急救援单兵装备

应急救援单兵装备具体可分为单兵个体防护装备、单兵生活装备、单兵作业装备等。

2. 应急供电装备

应急供电装备具体可分为应急发电车、应急发电机、带发电机应急灯、直流电源应急灯等。

3. 水上救生装备

水上救生装备具体可分为救生抛投器、水域救援装具、救生衣等。

4. 应急通信装备

应急通信装备具体可分为卫星通信技术装备、无线通信技术装备等。

5. 高空救援装备

高空救援装备具体可分为绳索、攀登器材、高处逃生器材、其他器材等。

6. 救援破拆装备

救援破拆装备具体可分为手动破拆装备、电动破拆装备、机动破拆装备、气动破拆装备等。

7. 后勤保障装备

后勤保障装备具体可分为水，陆，空应急交通运输装备、餐车，帐篷等后勤生活保障装备。

8. 现场紧急救护装备

现场紧急救护装备具体可分为急救药箱、折叠担架、除颤仪、雷达生命探测仪等。

四、住宿保障教学知识模块

宿营目的是使一线抢险工作人员得到休息和整顿，为继续第二天的工作做好准备。宿营分为舍营（利用居民房舍住宿）、露营（在房舍外露宿或用帐篷住宿）、野外宿营生活保障车宿营等。宿营地域应根据地形和任务选定。

1. 基本要求

有适当的地幅、充足的水源和良好的车辆进出道路。

2. 地点选择

（1）近水：露营休息离不开水，近水是选择营地的第一要素。因此，在选择营地时应选择靠近溪流、湖潭、河流，以便取水。但也不能将营地扎在河滩上，有些河流上游有发电厂，在蓄水期间河滩宽、水流小，一旦放水时将涨满河滩，包括一些溪流，平时流量小，一旦下暴雨，有可能发大水或山洪暴发，一定要注意防范这种问题，尤其在雨季及山洪多发区。

（2）背风：在野外扎营，不能不考虑背风问题，尤其是在一些山谷、河滩上，应要选择一处背风的地方扎营。还有注意帐篷门的朝向不要迎着风。背风同时也是考虑用火安全与方便。

（3）远崖：扎营时不能将营地扎在悬崖下面，这样很危险，一旦山上刮大风时，有可能将石头等物刮下，造成伤亡事故。

（4）近村：营地靠近村庄有什么急事可以向村民求救，在没有柴火、蔬菜、粮食等情况时就更为重要。近村的同时也是近路，即接近道路，方便队伍的行动和转移。

（5）背阴：如果是一个需要居住两天以上的营地，在好天气情况下应当选择一处背阴的地方扎营，如在大树下面及山的北面，最好是朝照太阳，而不是夕照太阳。这样，如果在白天休息，帐篷里就不会太闷热。

（6）防雷：在雨季或多雷电区，营地绝不能扎在高地上、高树下或比较孤立的平地上，那样很容易招至雷击。

3. 营地建设

营地选择好后即要建设营地。尤其是有一定规模的野外露营地，整个营地的建设就尤为重要，分以下一些步骤。

（1）平整场地：将已经选择好的帐篷区打扫干净，清除石块、矮灌木等各种不平整、带刺、带尖物的任何东西，不平的地方可用土或草等物填平。如果是一块坡地，只要坡度不大于 10° 一般都可以作为露营地。

（2）场地分区：一个齐备的营地应分帐篷宿营区、用火区、就餐区、用水区（盥洗）、卫生区等区域。第一个先落实宿营地。用火区应在下风处，距离帐篷区应在 10～15m 以上，以防火星烧破帐篷；就餐区应靠近用火区，以便烧饭做菜及就餐；活动区应在就餐区的下风处，以防活动的灰尘污染餐具等物，并距离帐篷区应在 15～20m，以减少对早睡同伴的影响；卫生区应在宿营区的下风处，与就餐区、活动区保持一定的距离；用水区应在溪流及其河流上分为上下两段，上段为食用饮水区，下段为生活用水区。

（3）建设帐篷露营区：如有数顶帐篷组成的帐篷营地区，在布置帐篷时，应将所有帐篷门都向一个方向开，并排布置；帐篷之间应保持不少于 1m 的间距，在没有必要的情况下尽量不系帐篷的抗风绳，以免绊倒人；必要时应设警戒线（沟），在山野露宿有可能会遇到威胁性的动物或者坏人的攻击，当然，这种可能性很小，可以在帐篷区外用石灰、焦油等刺激性物质围帐篷区画一道圈，这样可以防蛇等爬行动物的侵入，或者用电子报警系统等办法。

（4）建设用火就餐区：就餐同用火一般在一块儿或是相近的地方，这个区域要与帐篷区有一定的距离，以防火星烧着帐篷。多数就餐时间已经是天黑的时候了，应当考虑照明的位置，不论是用汽灯还是其他方式照明，灯具应当放在可以照射较大范围的位置，如将灯具吊在树上、放在石台上或者做一个灯架将其吊起来。

（5）建设取水用水区：用水、取水一般都在水源处，盥洗用水与食用水应分开，如是流水，食用水应在上游处，盥洗生活用水在下游处。如是湖水即同样要分开地方，两种用水处应当距离 10m 以上。这种划分是出于卫生的需要。另外，取水要经过的河滩地带乱石灌木等物较多，没有小路可寻，故应当在白天的时候注意清理一下，不然晚上取水时就不方便了。

（6）建设卫生区：卫生区即是队员们解手方便的地方，如果只是住宿一晚，可以不必专门挖建茅坑，可以指定一下男女方便处即可。如果队员人数多或者住宿天数在两天以上，即应当挖建茅坑，临时厕所应建在树木较密的地方，就不用拉围帘了。更要注意不能建在行人常经过的地方。

五、消防保障教学知识模块

"消防"即是消除隐患，预防灾患。主要包括火灾现场的人员救援，重要设施设备、人员的抢救，重要财产的安全保卫与抢救，扑灭火灾等。目的是降低火灾造成的破坏程度，减少人员伤亡和财产损失。消防行动主要有：① 查明火情及受损情况，了解火灾现场的地形、风向，起火点的结构、出入口，被困人员的情况等；② 实施现地指挥，组织力量迅速赶往火场，根据火灾性质选用灭火剂和消防装备，根据火场情况正确运用灭火战术，主要方法包括阻火、设立隔火带、封锁火道、扑灭余火和看守火场等；③ 迅速抢救被困人员，对受伤人员进行转移后送离；④ 及时撤离或隔离火场附近的危险物品，防止发生次生灾害。消防使用水和化学灭火剂，利用消防车、灭火器、机动水泵等器材实施灭火。坚持先人后物、先控后灭和确保重点的行动原则。

按照火灾分类标准，我国火灾分为特别重大火灾、重大火灾、较大火灾和一般火灾四个等级。

特别重大火灾是指造成 30 人以上死亡，或者 100 人以上重伤，或者 1 亿元以上直接财产损失的火灾。

重大火灾是指造成 10 人以上 30 人以下死亡，或者 50 人以上 100 人以下重伤，或者 5000 万元以上 1 亿元以下直接财产损失的火灾。

较大火灾是指造成 3 人以上 10 人以下死亡，或者 10 人以上 50 人以下重伤，或者 1000 万元以上 5000 万元以下直接财产损失的火灾。

一般火灾是指造成 3 人以下死亡，或者 10 人以下重伤，或者 1000 万元以下直接财产损失的火灾。

1. 消防工作方针

消防工作是预防和扑灭火灾工作的总称。消防工作的方针可归纳为"预防为主，防消结合"。正确处理好"防"与"消"两者之间的关系。必须全面、认真、正确贯彻执行"预防为主，防消结合"的方针。

2. 消防基本任务

（1）控制、消除发生火灾、爆炸的一切不安全条件和因素；

（2）限制、消除火灾、爆炸蔓延、扩大的条件和因素；

（3）保证有足够的安全出口和通道，以便人员逃生和物资疏散；

（4）彻底查清火灾、爆炸原因，做到"三不放过"。即原因不明不放过，事故责任以及群众未受到教育不放过，防范措施不落实不放过。

3. 消防特点

消防工作是一项社会性很强的工作，只有依靠全社会的力量，在全社会成员的关心、重视、支持、参与下才能搞好。消防工作具有社会性；消防管理应渗透到人类生产生活的一切领域之中，从而决定了消防工作的社会性；消防安全管理涉及各行各业，乃至千家万户，在生产的工作和生活过程中，人们对消防安全管理稍有疏漏，对生产一时失神、失控、失误，就有可能酿成火灾，这就决定了消防工作的经常性；纵观多年来火灾事故教训，尽管致灾原因复杂，但可以看出绝大多数火灾乃源于一人一事一时之误，这使我们进一步明确了一条真理，只有广在人民群众的积极参与，才能控制、消除火灾事故，这又决定了消防工作的群众性。

4. 消防行政管理

根据消防管理体制。实行"谁主管，谁负责"防火责任制度，各级防火责任人要履行其防火职责。

5. 消防技术管理

科学技术的发展，新技术、设备及新工艺的应用，以及城市生活现代化，要求消防安全工作必须同时加强技术管理。

6. 消防法制管理措施

我国先后制定和颁发了各类消防法规，包括《中华人民共和国消防法》、规定、技术规范技术标准等 100 多部。同时，各地公安机关通过地方政府和人大，制定和修订发布了一大批地方法规，通过上下结合共同努力，初步形成了国家、地方、部门法律、法规相结合，行政法规与技术规范相配套的消防法制体系，基本上实现了各行各业开展消防工作有法可依，有章可循；使我国的消防监督管理工作纳信"依法治火"和"依法管火"的法制轨道。

7. 消防器材配备使用

消防器材、设备和设施是扑救火灾必需的武器，只有熟悉掌握各消防器材、设备和设施的技术性能，适用范围（对象），使用和保养要求，并教育职工群众正确地使用消防器材，才能充分发挥消防器材在灭火战斗中的作用，及时扑灭火灾。

8. 野外防火

野外防火是指野外作业或生活中防止火灾发生的工作。野外工作期间须有严格的防火安全措施，灭火工具必须常备，且仅作防火专用；不准在防火区（如林区、草原区）燃火及乱扔未熄灭的火种；在非防火区燃火时，只能在背风一面点燃，且周围 2m 内不得有干草和枯枝等易燃物，火堆用毕应彻底熄灭；在无人监视时不得离开燃烧的火堆。

第三节　应急救援后勤保障典型教学方案

一、车辆更换轮胎、装设防滑链教学方案

（一）教学目标

通过对车辆轮胎的更换方法、防滑链的安装方法的讲解、示范，让学员掌握常用应急车辆的轮胎更换方法和防滑链的装设方法，同时了解防滑链的种类并能正确选用适合所驾车辆的防滑链。

（二）教学重点

轮胎拆卸和安装。掌握轮胎的拆卸、安装等关键技能的操作步骤流程、规范要求及注意事项，达到能够快速完成拆卸受损轮胎、安装备胎的目标。

（三）教学难点

车辆顶升位置的选择，要求学员能快速找到正确的顶升位置。

（四）学时分配

车辆更换轮胎、装设防滑链学时分配表见表 5-1。

表 5-1　　　　车辆更换轮胎、装设防滑链学时分配表

序号	教学内容	学时
1	讲解、示范	0.5
2	轮胎更换	1
3	装设防滑链	1

（五）实训前准备

1. 教学场地环境

坚硬平坦场地，面积不小于 $100m^2$。

2. 学员条件

应急救援基干队员 4～6 人，精神状态良好，着应急工作服或休闲运动装。

3. 设备、材料、工器具

车辆更换轮胎、装设防滑链装备、工器具、材料准备表见表 5-2。

表 5-2　　车辆更换轮胎、装设防滑链装备、工器具、材料准备表

序号	名称		型号规格	单位	数量	要求
1	装备	应急车辆	生产用皮卡车	辆	1	
2	工器具（含安全用具）	三角警示牌	420mm×420mm×420mm	个	1	
		急救箱		个	1	
		随车工具		箱	1	
		防滑链钥匙		把	2	
		工作手套		双	n	每人一双
		千斤顶	剪式或液压式	个	1	
		套筒扳手	汽车专用	个	1	
		三角枕木	200mm×200mm×200mm	块	4	
		方枕木	150mm×150mm×400mm	块	6	
		多功能手电筒		把	1	
		安全帽		顶	n	每人一顶
3	材料	防滑链	与轮胎匹配	条	2	
		备胎		个	1	

（六）实训流程

1. 班前会

实训前培训师组织召开班前会进行"三交三查"，进行培训任务交底、安全交底、措施交底，检查设施设备及工器具、检查人员着装、检查人员身体状况是否符合要求。确认每一位学员知晓"三交"内容，确认"三查"内容符合要求，学员在《安全告知书》上签字确认。

（1）"三交"任务交底：向学员明确交代工作任务（作业内容）、作业流程、作业范围、作业方法要求及人员分工等；安全交底：向全体学员明确交代安全注意事项、危险点；措施交底：对危险点进行分析，对可能出现的危险情况落实预控措施，并向学员交底（危险点分析及预控措施见表 5-3）。

表 5-3　　　　车辆更换轮胎、装设防滑链危险点分析及预控措施表

序号	项目	危险点	预控措施
1	更换轮胎	千斤顶顶升不稳定，底盘滑落	放置千斤顶要平整
		未使用枕木或备胎做二次防护	严格按照二次保护的要求执行操作
		未使用三角木固定相反侧轮胎	必须用三角木进行固定相反侧轮胎
		三角木放置位置不恰当，造成车辆前后移动	仔细用手检查三角木放置情况
2	加装防滑链	金属钩锋利部分不能与轮胎直接接触，月牙板在轮胎外侧	安装后要仔细检查
		防滑链布置不均匀	以能塞进两根手指为准
		防滑链发生脱落	检查月牙板是否扣紧

（2）"三查"：培训师会同学员检查现场作业条件是否符合作业要求，安全防护措施是否正确完备；检查确认现场装备、工器具及材料是否满足作业需要；全体人员身体状况良好，正确佩戴安全防护用品，着装符合要求。

2. 作业步骤总体流程

车辆更换轮胎、装设防滑链步骤总体可以分为四个步骤：① 稳定停放车辆并采取防溜车措施；② 进行顶升车辆拆卸轮胎，小组配合进行；③ 更换备胎并放下车辆，小组配合进行；④ 对车辆的两个驱动轮装设防滑链。

（七）关键教学技术方法

车辆更换轮胎、装设防滑链主要工作内容、流程、技术要求及注意事项见表 5-4。

表 5 - 4 车辆更换轮胎、装设防滑链主要工作内容、
流程、技术要求及注意事项

序号	项目		作业内容及技术要求	注意事项
1	更换轮胎	车辆停放	在坚硬平坦的路面安全停放，车辆熄火并开启警示灯，拉手刹，将手挡放在一挡位置。放置三角警示牌（1人完成）	拉紧手刹和挂挡位，防止车辆移动。警示牌，提示后面的车辆和行人注意
		三角枕木	使用三角枕木塞住车辆两个后轮或对角两个轮胎（2人完成）	三角枕木用于防止车辆更换轮胎时，车辆滑动
		方枕木	将方枕木重叠垫放在需要换轮胎一侧车辆底盘下（1人完成）	在拆卸轮胎时，千斤顶可能滑动，造成车辆倒塌，方枕木起到二次保护的作用
		松动螺丝	使用套筒扳手，以对角方式松动螺丝，先不要拔下螺丝（1人完成）	如果要顺时针方向拆卸螺丝，最后一个螺丝会受力不好拆卸
		支撑千斤顶	将千斤顶放置在学员更换轮胎的一侧车辆下，将车辆顶起到轮胎离地3cm（2人配合完成）	千斤顶的顶点一定要找准
		更换轮胎	拆卸螺丝，最上面的螺丝最后拆卸，取下轮胎；安装备胎后，螺丝从最上面的开始以对角方式拧紧螺丝（2人配合完成）	拆装轮胎时要迅速完成
		紧固轮胎螺丝	松开千斤顶，使用套筒扳手将螺丝以对角方式全部校紧；收回工具、枕木、标示牌（1人完成）	轮胎着地后，必须校紧所有螺丝
2	汽车防滑链安装	防滑链安装	更换防滑链步骤，安全主要事项；防滑链与轮胎尺寸相匹配；需要4人共同完成	首先组织大家观察车辆停放的路面是否正确，分析危险点；在每个危险点，设安全监护人
		车辆停放	在坚硬平坦的路面安全停放，车辆熄火并开启警示灯；拉手刹，将手挡放在一挡位置；放置三角警示牌；取出防滑链及钥匙	拉紧手刹和挂挡位，防止车辆移动。警示牌，提示后面的车辆和行人注意
		铺防滑链	按照分工2人负责左侧两个轮胎安装，2人负责右侧两个轮胎安装。找准防滑链内外侧，将防滑链铺平展开，放置轮胎正前方	防滑链内外放反，锁扣向内影响安装。如果不放在轮胎正前方，车辆上链时会压偏，影响安装
		上链	1人开车前行，当车辆轮胎压在平铺在地面上的防滑链后，由等待的两侧人员示意后，熄火停车并拉紧手刹、将手挡放在一挡位置	防止车辆移动
		安装防滑链	分别以车辆两侧人员同时安装防滑链，即先挂好轮胎内侧链条挂钩，再挂外侧的链条挂钩并锁死，然后用钥匙将每个月牙形调整板拧紧	月牙形调整板不拧紧，行驶中会松脱

续表

序号	项目		作业内容及技术要求	注意事项
2	汽车防滑链安装	调整防滑链	若防滑链安装后，各处松紧不一致，需要再次调整。应由1人松开手刹，手握方向盘掌握方向，在其他3人推动下将前后稍微移动后，再调节防滑链，使防滑链受力均匀	如果，防滑链松紧不一致，车辆在行驶中可能出现甩尾，轮胎受损
		拆卸防滑链	由1人驾驶车辆，前行20m后倒车返回，检查防滑链是否松动。然后拆卸防滑链，步骤与安装相同。将防滑链和钥匙、警示牌放回车上	前行时检验防滑链是否有松动

注：以上装设防滑链的方法是在进入冰雪路面之前的装设方法，如果车辆已经在冰雪路面上，则应直接将防滑链铺在轮胎上进行装设。

（八）实训总结

回顾轮胎更换、装设防滑链流程，对学员的表现进行点评，肯定好的方面，指出不足之处并提出改进意见。再次强调在更换轮胎和装设防滑链时，固定车辆及警示标示的重要性，让学员在思想上形成安全的固定模式。

二、橡皮艇组装、驾驶与拆卸教学方案

（一）教学目标

通过对橡皮艇组装和拆卸方法的讲解、示范，让学员掌握正确组装、驾驶和拆卸橡皮艇的方法，同时了解橡皮艇在应急救援中的作用和适用水域。

（二）教学重点

橡皮艇组装和拆卸，重点在于橡皮艇底板安装。学员需要掌握的重点是橡皮艇底板的安装顺序、安装规范，避免底板安装不牢靠的风险。

（三）教学难点

橡皮艇底板安装必须在橡皮艇各主气囊充气1/3左右时进行，固定底板的卡条必须安装牢固，否则极易发生底板松动的情况。

（四）学时分配

橡皮艇组装、驾驶与拆卸学时分配表见表5-5。

表 5-5 橡皮艇组装、驾驶与拆卸学时分配表

序号	教学内容	学时
1	讲解、示范	0.5
2	橡皮艇组装和拆卸	1
3	橡皮艇驾驶	1

（五）实训前准备

1. 教学场地环境

不小于 80m² 的坚硬平坦场地，水域面积能够达到橡皮艇驾驶训练的需要，水文条件较好，水草少，水面平静，水流慢，风速小。

2. 学员条件

应急救援基干队员 6 人，精神状态良好，着应急工作服或休闲运动装。

3. 设备、材料、工器具

橡皮艇组装、驾驶与拆卸装备、工器具、材料表见表 5-6。

表 5-6 橡皮艇组装、驾驶与拆卸装备、工器具、材料表

序号	名称		型号规格	单位	数量	要求
1	装备	橡皮艇	可承载 6~8 人	艘	1	配件齐全
2		可浮桨		副	2	
3	工器具（含安全用具）	充气泵	脚踏式	只	2	
4		救生衣		件	6	
5		救生圈		个	2	

（六）实训流程

1. 班前会

实训前培训师组织召开班前会进行"三交三查"，进行培训任务交底、安全交底、措施交底，检查设施设备及工器具、检查人员着装、检查人员身体状况是否符合要求。确认每一位学员知晓"三交"内容，确认"三查"内容符合要求，学员在《安全告知书》上签字确认。

（1）"三交"任务交底：向学员明确交代工作任务（作业内容）、作业

流程、作业范围、作业方法要求及人员分工等；安全交底：向全体学员明确交代安全注意事项、危险点；措施交底：对危险点进行分析，对可能出现的危险情况落实预控措施，并向学员交底（危险点分析及预控措施见表 5-7）。

表 5-7　　　　橡皮艇组装、驾驶与拆卸危险点分析及预控措施

序号	危险点	预控措施
1	人身、财产伤害	必须正确穿戴救生衣，以防落水
		将贵重物品妥善保管（如手机、手表等），以免物品落水
		训练时请听从教练安排，严禁在岸边、码头、船只上嬉戏打闹
		限制码头上人员数量，以防人员过多造成落水
		与岸边保持安全距离，避免失足落水
2	设备操作危险	在规定范围内驾驶橡皮艇，不得自行超出范围驾驶
		仔细检查橡皮艇有无破损漏水、漏气现象
		正确使用船桨，避免人员受伤
3	物体打击机械伤害	操作人员之间保持足够距离，操作过程中互相提示，防止互相伤害
		搬运工器具注意轻拿轻放，切忌抛、扔、投等

（2）"三查"：培训师会同学员检查现场作业条件是否符合作业要求，安全防护措施是否正确完备；检查确认现场装备、工器具及材料是否满足作业需要；全体人员身体状况良好，正确佩戴安全防护用品，着装符合要求。

2. 作业步骤总体流程

橡皮艇组装、驾驶与拆卸步骤总体可以分为四个步骤：① 平整场地，清除场地内坚硬物体；② 组装橡皮艇，小组配合进行；③ 橡皮艇水上驾驶，小组配合进行；④ 拆卸并收纳橡皮艇。

（七）关键教学技术方法

橡皮艇组装、驾驶与拆卸主要作业内容、流程、技术要求及注意事项见表 5-8。

表 5-8　　　　　　　　橡皮艇组装、驾驶与拆卸主要作业内容、
　　　　　　　　　　　　流程、技术要求及注意事项

序号	项目	作业内容及技术要求	注意事项
1	橡皮艇组装	把橡皮艇艇身和配件平铺整齐摆放在教学区域。 （1）首先要正确使用每个独立气囊配备的气门芯使用方法。 （2）将艇身除了船底龙骨气囊的其余 5 个独立气囊充气到 1/3 处。 （3）艇身 5 个气囊充到 1/3 处后，进行安装稳固艇身底板，将底板平行且均匀平铺在艇身底部中间，安装底板顺序为 1、2、3、5、4 号板。 （4）在艇身底板安装后进行安装稳固艇身底板卡条，安装卡条顺序应在左右两侧从后至上的顺序安装，在卡条要求保证每块底板连接都应镶入卡条内。 （5）安装船桨，在船桨放进螺栓后应拧紧螺帽，防止使用船桨频率过快造成船桨脱落。 （6）安装座板。 （7）最后使用脚踩充气阀对艇身 6 个独立气囊进行充气	工作负责人和工作监护人应在橡皮艇组装后对整个橡皮艇进行检查
2	登艇	（1）所有队员穿戴好救生衣，合力将橡皮艇放入水中，船头朝向岸边。 （2）队员依次从船头处登艇，最后一名队员解缆。 （3）队员在艇上左右对称落座	不得从橡皮艇的两侧登艇
3	水上驾驶	（1）橡皮艇驾驶过程中，两侧划桨人员用力一致，直线行驶避免波浪侧面冲击，速度均匀。 （2）接近折返浮标时提前减速，绕浮标掉头驶回。 （3）驾驶途中，要求每名队员都应操作一次手划桨	划桨队员均匀用力，尽可能保持直线行进
4	靠岸	橡皮艇接近岸边时应提前减速，避免冲撞码头。 靠岸之后，小组所有队员合力将橡皮艇抬至岸上	
5	拆卸收纳	（1）拆除橡皮艇，按要求收纳，并存放至指定地点。 （2）所有救生圈和救生衣回收，救生衣按要求叠放整齐。 （3）作业现场清理干净，无遗留杂物。 （4）召开收工会，工作负责人点评工作完成情况、队员工作情况及工具清点情况	

（八）实训总结

回顾橡皮艇组装、驾驶与拆卸流程，特别是底板安装的顺序一定要正确；对学员的表现进行点评，肯定好的方面，指出不足之处并提出改进意见，再次强调水上驾驶的安全注意事项。

第六章 电力企业高空应急救援

第一节 电力企业高空救援概述

高空救援是指在高空、陡坡、深洞等存在滑跌、坠落危险的地形上开展的救援行动，以及在这些地形上工作时应急救援人员自我保护、相互保护的技能和行为。电力行业高空操作频繁，作业人员在高空作业发生突发状况时，高空救援技术可以很好地融入电力行业救援，提高救援效率，保障作业人员的生命安全。

电力行业杆塔众多，很多输电线路分布在悬崖陡壁旁，在我们的基建、线路巡视工作中发生突发事件或者群众在这些地方发生意外时，往往需要我们去救援。因此，掌握一定的高处救援技术，能熟悉使用各种高空救援技术装备，是电力应急救援队员必须学习掌握的技能。

救援过程中，正确地选择使用高空救援技术装备会起到决定性的作用。高空救援装备一般可分为金属类、织物类、其他类器材等。

金属类主要有主锁（O 形锁、D 形锁、梨形锁、散锁等）、下降保护器（ID、RIG、ATC、GRIGRI 等）、上升器（手式上升器、胸式上升、脚式上升器等）。

织物类主要有扁带、动力、静力、辅绳等。

其他类器材主要有安全头盔、安全带、手套、滑轮、救援担架等。

使用高空救援技术装备时要注意以下几点：

（1）所有技术装备使用前，都应该接受专业系统的培训，无基础者通过网络或者其他不规范渠道学习，可能会导致高度风险，严重甚至丧命。

（2）使用符合以下认证标准的技术装备（装备通常符合多个检测机构认证：

1）国际攀联（UIAA）；

2）欧洲标准委员会（CE）认证；

3）美国保险商试验所（UL）；

4）美国消防协会（NFPA）。

切记不得使用来历不明的产品（无质量认证、遗弃、不熟悉等）。

（3）每件器材都有各自的使用范围和重量限额，使用之前要认真查看熟知。

（4）使用之前要检查工具有无破损、扭曲，转动部件是否灵活。

（5）要熟悉攀登工具的正确使用方法，绳索的穿向、连接的方式等要正确。

（6）金属器具磨损超过 1mm 或从 3m 的高处掉落到硬质地面上都应报废。

一、电力企业高空救援的功能介绍

近年来，我国特高压、超高压电网大规模建设投产。特高压、超高压输电线路具有区域跨度广、对地距离高、路径环境复杂、"三跨"（跨越高速铁路、高速公路和重要输电通道）风险大、气象灾害多变等特点。国家电网公司及各输电线路建设、运维等单位均制订、实施了一系列预防高处坠落的管控措施；但是，在输电线路登塔、走线、附件安装、紧放线、验收等大量高空作业过程中，作业人员仍有可能因身体状况、作业环境、导线扭转等突发情况，发生高处坠落，被安全带悬吊在空中 10～30min 后将产生悬吊创伤（安全带悬吊综合症）而逐渐失去意识，加上恐惧、受伤等因素而无自救能力，救援时间十分紧迫。如果坠落发生在"三跨"区段或高山、峡谷、河流等大跨越区段，救援难度将更大。输电线路大多位于野外偏远地区，受地形、微气象、线路带电、导线弹性、道路交通等因素限制，常规的作业工器具、高空救援车辆、直升机等救援方式往往受到限制，国（内）外工业救援领域的绳索救援技术能够较好地解决这一难题。

因输电线路高空救援不同于普通的高层建（构）筑救援，救援人员往往需要具有铁塔攀爬、带电作业、导线移位等特殊技能，社会救援力量（武警、消防队、民间救援队等）往往对线路高空救援特殊技能掌握不足，无法有效实施救援工作。因此，电网企业需要制定输电线路高空救援措施方案，各输电线路建设、运维等单位须掌握必要的高空救援技能，具备自救、互救和专业救援能力，对于提高本质安全水平、保障安全生产具有重要意义。

二、电力企业高空救援类型、构成及配套设施介绍

输电线路高空作业一般分为塔（杆）上作业和线上（包括导线、地线、绝缘子上作业等）作业两大类。国家电网公司在 2013 年应急技能竞赛筹备阶段设置了 500kV 铁塔横担上的高空救援科目，各省公司参赛队伍进行了针对性训练。2016 年 12 月开始，国家电网有限公司安全监察部组织国网山东省电力有限公司、国网四川省电力有限公司、国网新疆维吾尔自治区电力有限公司，主要针对 500kV 及以上超高压、特高压输电线路（分裂导）线上作业高处坠落救援进行研究攻关，力求以点带面，全面提升线路高空作业应急救援能力。目前针对电力企业高空救援形式，分为三种类型：

（1）线路悬挂自救：针对培训后的作业人员，配置简易的个人自救装备，在悬挂后，利用装备对自身展开解救。

（2）班组救援：当人员无法完成自救，班组人员使用班组救援装备展开救援。

（3）复杂性综合救援：在复杂环境情况下，班组人员受环境、技术、装备、经验等限制无法展开救援时，由当地应急救援队根据情况制定方案，合理利用装备完成综合性救援。

第二节　电力企业高空救援教学知识模块

一、电力企业高空救援教学模块

（一）输电线路高空救援教学内容

输电线路高空救援教学内容大致分为上方释放救援、陪同下降救援、下方释放救援三种救援方式。

（二）输电线路高空救援教学要求

在输电线路高空救援教学要求中，需要做到以下几点：① 所有救援人员需要对明确作业内容、目的及要求，所有的危险点分析及预控措施需告知所有成员；② 在教学要求中，所有教学场地、器材、着装需要符合安全要求，并且正确佩戴安全防护用品等；③ 在救援过程中需做好自身保护，到达伤员坠落点建立 2 条救援绳，通过先预定好的救援方案，将被困人员释放到地面，到达地面后做 W 人形进行保护，安全高效地完成救援。

（三）输电线路高空救援过程中的相关注意事项

在陪同下降救援过程中，救援人员上下导线需要做好自身保护，救援方法应该尽可能迅速，以减少悬吊时造成的创伤风险，尤其是在被困人员无意识的情况下，需要选择陪同下降的方式进行救援；上方释放的救援过程中，救援人员上下导线也需要做好自身保护，救援过程尽可能迅速，减少伤员悬吊创伤的风险，通过使用双向救援套装将伤员救援到地面，在过程中避免双向救援套装发生缠绕导致救援进度迟缓；下方释放的救援过程中，需要的绳子长度会较多于前两种救援方式，并且需要上方救援人员和下方救援人员相互沟通配合完成救援过程，由于是一根绳桥将伤员运送到地面，在释放伤员的时候一定需要匀速且安全。

二、高空救援教学模块

（一）高空救援教学主要模块介绍

1. 陪伴下降教学模块

陪伴下降技术操作教学内容见表6-1。

表6-1 　　　　　　　陪伴下降技术操作教学内容

序号	项目		内容	备注
1	作业前的工作		（1）工作负责人应安排人员对装备进行检查； （2）工作负责人向全体作业人员明确交代安全注意事项、危险点及预控措施，并进行安全技术交底，签署安全技术交底表； （3）工作负责人会同工作监护人及工作班全体成员检查现场作业条件是否符合作业要求，安全防护措施是否正确完备； （4）检查确认现场装备、工器具及材料是否满足作业需要； （5）全体人员正确佩戴安全防护用品，着装符合要求	（1）所有人员正确佩戴安全帽及工作服，持证作业； （2）现场作业条件及安全防护措施不完善，不得开始作业； （3）所有装备、工器具及材料数量充足，状态完好
2	救援前评估		（1）模拟伤员被困状态、位置； （2）评估现场环境安全； （3）评估被困人员的身体状态； （4）根据被困人员信息制定救援计划	（1）上方操作，对应下方净空； （2）评估好环境做好相应安全措施； （3）根据受困人员状态，联系医务； （4）计划在绝对安全的情况下贴切救援环境已经受困人员状态
3	建立有效的防护	装备摆放	（1）将地垫铺在较为平坦的地方； （2）将装备分类进行摆放； （3）装备摆放位置要与工作现场保留足够的安全距离	组织检查设备有无安全隐患，设备是否齐全
		防止伤及他人	（1）个人物品如手机、钥匙禁止带上高空作业现场； （2）防止高空坠物； （3）着地点禁止站人	着地点应铺设安全垫及防护围栏
		个人防护	（1）学习如何穿戴个人防护用品； （2）独立完成个人防护用品穿戴； （3）监护应对工作人员防护设备检查后无误才能进行操作	组织大家互相检查个人安全装备是否穿戴正确

续表

序号	项目		内容	备注
4	输电线路高空救援（陪伴释放）	登杆、登塔	（1）攀登过程中全程做好自我保护，防止坠落； （2）背负装备确认牢固。避免高空坠物； （3）作业转位至少有一个保护； （4）到达救援位置时做好主保护与备份保护	（1）使用铁塔防坠器，或者提前假设保护绳； （2）装备穿戴挂牢靠； （3）禁止无保护操作
		保护站建立	（1）到达救援位置，固定好高空救援装备； （2）根据现场情况，选择毛刺少，相对高的导线进行保护站建立； （3）将绳索保护套缠绕在导线上，避免装备磨损； （4）缠绕双扁带，挂双锁，受力测试，避免保护站滑动（同规格保护站需要建立2个）； （5）保护站一个主保护，挂上双向救援套装：ID朝上，倍力系统朝下； （6）保护站一个备份保护，挂好足以到达地面的静力操作绳	（1）保护站选择高处； （2）拆除原有保护前确定现有保护安全牢靠并且受力； （3）理清思绪，避免误操作
		救援操作	（1）将自身保护转移到主要保护站上，挂入ID； （2）备份保护的静力绳挂入止坠器； （3）拆除原有的两个保护（拆除前共四点保护）； （4）离开导线，利用保护站的装备下降至受困人员处； （5）给受困人员穿上救援三角带，改变其悬吊姿势； （6）救援人员牛尾与受困人员连接； （7）救援人员双向救援套装倍力系统与受困人员连接（与被困人员达成两个点保护连接）、救援人员利用微距上升技术上升，直至双向救援套装倍力系统收紧； （8）拉动倍力系统，使原有悬挂保护卸力； （9）原有保护卸力后拆除原有保护； （10）救援人员用腿夹住受困人员腋下，做好陪同保护与沟通； （11）匀速下降至地面； （12）下方人员接应，完成W人型	
5	作业后	收纳救援装备	（1）人员做好自我保护，拆除高空救援装备； （2）归位于装备摆放处，检查是否完好，满足下次使用条件； （3）点数，完整无误后装包	拆除装备，拿好挂牢避免高空落物； 所有使用过的装备检查完好程度

2. 上方释放教学模块

上方释放技术操作教学内容见表6-2。

表 6-2   上方释放技术操作教学内容

序号	项目		内容	备注
1	作业前的工作		（1）工作负责人应安排人员对装备进行检查； （2）工作负责人向全体作业人员明确交代安全注意事项、危险点及预控措施，并进行安全技术交底，签署安全技术交底表； （3）工作负责人会同工作监护人及工作班全体成员检查现场作业条件是否符合作业要求，安全防护措施是否正确完备； （4）检查确认现场装备、工器具及材料是否满足作业需要； （5）全体人员正确佩戴安全防护用品，着装符合要求	（1）所有人员正确佩戴安全帽及工作服，持证作业； （2）现场作业条件及安全防护措施不完善，不得开始作业； （3）所有装备、工器具及材料数量充足，状态完好
2	救援前评估		（1）模拟伤员被困状态、位置； （2）评估现场环境安全； （3）评估被困人员的身体状态； （4）根据被困人员信息制定救援计划	（1）上方操作，对应下方净空； （2）评估好环境做好相应安全措施； （3）根据受困人员状态，联系医务； （4）计划在绝对安全的情况下贴切救援环境已经受困人员状态
3	建立有效的防护	装备摆放	（1）将地垫铺在较为平坦的地方； （2）将装备分类进行摆放； （3）装备摆放位置要与工作现场保留足够的安全距离	组织检查设备有无安全隐患，设备是否齐全
		防止伤及他人	（1）个人物品如手机、钥匙禁止带上高空作业现场； （2）防止高空坠物； （3）着地点禁止站人	着地点因铺设安全垫及防护围栏
		个人防护	（1）学习如何穿戴个人防护用品； （2）独立完成个人防护用品穿戴； （3）监护应对工作人员防护设备检查后无误才能进行操作	组织大家互相检查个人安全实施是否穿戴正确
4	输电线路高空救援（陪伴释放）	登杆、登塔	（1）攀登过程中全程做好自我保护，防止坠落； （2）背负装备确认牢固，避免高空坠物； （3）作业转位至少有一个保护； （4）到达救援位置时做好主保护与备份保护	（1）使用铁塔防坠器，或者提前假设保护绳； （2）装备穿戴挂牢靠； （3）禁止无保护操作
		保护站建立	（1）到达救援位置，固定好高空救援装备； （2）根据现场情况，选择毛刺少，相对高的导线进行保护站建立； （3）将绳索保护套缠绕在导线上，避免装备磨损； （4）缠绕双扁带，挂双锁，受力测试，避免保护站滑动（同规格保护站需要建立2个）； （5）保护站一个伤员主保护，挂上双向救援套装：倍力系统朝上，ID朝下，并把双向救援套装ID锁头绳延长到受困人员处； （6）保护站一个救援人员主保护	（1）保护站选择高处； （2）拆除原有保护前确定现有保护安全牢靠并且受力； （3）理清思绪，避免误操作

续表

序号	项目		内容	备注
4	输电线路高空救援（陪伴释放）	救援操作	（1）将自身保护转移到主要保护站上，挂入 ID； （2）携带双向救援套装 ID 锁头； （3）拆除原有的两个保护（拆除前共三点保护）； （4）离开导线，利用保护站的 ID 下降至受困人员处； （5）给受困人员穿上救援三角带，改变其悬吊姿势； （6）救援人员将带下的双向救援套装 ID 锁头与受困人员连接； （7）救援人员利用微距上升技术上升，到达受困人员保护站 ID 处，调整收紧伤员连接绳； （8）拉动倍力系统，使原有悬挂保护卸力； （9）下降至受困人员处，拆除原有保护； （10）救援人员再次微距上升至受困人员保护站 ID 处。与下放救援人员沟通，准备下放； （11）救援人员上方释放 ID，匀速下降，将受困人员放至地面； （12）下方人员接应，完成 W 人型	（1）上方释放，上下方做好沟通； （2）下放人员接应，应当迅速
5	作业后	收纳救援装备	（1）人员做好自我保护，拆除高空救援装备； （2）归位于装备摆放处，检查是否良好，满足下次使用条件； （3）点数，完整无误后装包	（1）拆除装备，拿好挂牢避免高空落物； （2）所有使用过的装备检查完好程度

3. 下方释放教学模块

下方释放技术操作教学内容见表6-3。

表6-3　　　　　下方释放技术操作教学内容

序号	项目	内容	备注
1	作业前的工作	（1）工作负责人应安排人员对装备进行检查； （2）工作负责人向全体作业人员明确交代安全注意事项、危险点及预控措施，并进行安全技术交底，签署安全技术交底表； （3）工作负责人会同工作监护人及工作班全体成员检查现场作业条件是否符合作业要求，安全防护措施是否正确完备； （4）检查确认现场装备、工器具及材料是否满足作业需要； （5）全体人员正确佩戴安全防护用品，着装符合要求	（1）所有人员正确佩戴安全帽及工作服，持证作业； （2）现场作业条件及安全防护措施不完善，不得开始作业； （3）所有装备、工器具及材料数量充足，状态完好

续表

序号	项目		内容	备注
2	救援前评估		（1）模拟伤员被困状态、位置； （2）评估现场环境安全； （3）评估被困人员的身体状态； （4）根据被困人员信息制定救援计划	（1）上方操作，对应下方净空； （2）评估好环境做好相应安全措施； （3）根据受困人员状态，联系医务； （4）计划在绝对安全的情况下贴切救援环境已经受困人员状态
3	建立有效的防护	装备摆放	（1）将地垫铺在较为平坦的地方； （2）将装备分类进行摆放； （3）装备摆放位置要与工作现场保留足够的安全距离	组织检查设备有无安全隐患，设备是否齐全
		防止伤及他人	（1）个人物品如手机、钥匙禁止带上高空作业现场； （2）防止高空坠物； （3）着地点禁止站人	着地点因铺设安全垫及防护围栏
		个人防护	（1）学习如何穿戴个人防护用品； （2）独立完成个人防护用品穿戴； （3）监护应对工作人员防护设备检查后无误才能进行操作	组织大家互相检查个人安全实施是否穿戴正确
4	输电线路高空救援（陪伴释放）	登杆、登塔	（1）攀登过程中全程做好自我保护，防止坠落； （2）背负装备确认牢固。避免高空坠物； （3）作业转位至少有一个保护； （4）到达救援位置时做好主保护与备份保护	（1）使用铁塔防坠器，或者提前假设保护绳； （2）装备穿戴挂牢靠； （3）禁止无保护操作
		保护站建立	（1）到达救援位置，固定好高空救援装备； （2）根据现场情况，选择毛刺少，相对高的导线进行保护站建立； （3）将绳索保护套缠绕在导线上，避免装备磨损； （4）缠绕双扁带，挂双锁，受力测试，避免保护站滑动（同规格保护站需要建立2个）； （5）保护站一个伤员主保护，挂上导向滑轮，滑轮通过一把挂好静力绳的主锁，主锁一头与救援人员连接（携带至伤员处）剩余绳尾下放至下放地面； （6）保护站一个救援人员主保护； （7）地面寻找牢靠锚点。缠绕扁带，挂入ID，将上方顺下的绳松弛状态下卡入ID，制作完成地下提拉锚点	（1）保护站选择高处； （2）拆除原有保护前确定现有保护安全牢靠并且受力； （3）理清思绪，避免误操作； （4）地面保护站可选择粗壮的树木，塔角等牢靠锚点
		救援操作	（1）将自身保护转移到主要保护站上，挂入ID； （2）携带通过滑轮的绳头； （3）拆除原有的两个保护（拆除前共三点保护）； （4）离开导线，利用保护站的ID下降至受困人员处； （5）给受困人员穿上救援三角带，改变其悬吊姿势； （6）救援人员将带下的绳锁与受困人员连接；	（1）下方释放，上下方做好沟通；

续表

序号	项目		内容	备注
4	输电线路高空救援（陪伴释放）	救援操作	（7）连接完毕后通知下方救援人员； （8）下方人员利用倍力系统提拉，收紧提拉绳，使上方受困人员原有悬挂保护卸力； （9）上方救援人员，拆除受困人员卸力后的原有保护再次与下方救援人员沟通； （10）下方救援人员确认上方挂好后开始下放； （11）匀速下降，将受困人员放至地面； （12）下方救援人员接应，完成 W 人型	（2）下放人员接应，应当迅速
5	作业后	收纳救援装备	（1）人员做好自我保护，拆除高空救援装备； （2）归位于装备摆放处，检查是否完好，满足下次使用条件； （3）点数，完整无误后装包	（1）拆除装备，拿好挂牢避免高空落物 （2）所有使用过的装备检查完好程度

（二）高空救援技术操作教学要求

（1）认真听从专业教练的安排，正确使用各种救援工器具，在高空操作时必须确保自身安全，严禁无保护作业；上高空前必须佩戴头盔和安全带，并两两互检。

（2）使用金属锁具必须在操作前锁好锁门，严格执行安全保护备份的原则。

（3）使用挽索前必须测试有无损坏等，并实行"高挂低用"的原则；严禁抛扔所有救援设备工器具。

（4）为了防止手部在救援过程中被绳索等器械伤害，下降过程中需要佩戴手套。

（三）高空救援技术操作相关注意事项

（1）作业内容、目的及要求明确，危险点预控措施告知所有成员，检查场地条件是否符合要求，装备数量状态是否完好，正确佩戴安全防护用品。

（2）选择稳固可靠的锚点作为保护站的基础，扁带应缠绕至无法在导线上滑动。

（3）在救援过程中，保证伤员有两个保护才能转移被困人员的受力点，匀速下降接近伤员，并将伤员匀速下放至地面。

第三节　电力企业高空救援典型教学方案

一、电力杆（塔）高空救援方案

（一）教学目标

通过电力杆（塔）高空救援学习，了解高空救援基础知识，具备高空作业危险防范意识，掌握电力杆（塔）的救援技术，提升人员高空作业坠落后的救援效率。

（二）教学重点

现场安全意识、救援环境评估、救援方案制定、救援操作实施。

（三）教学难点

学习转换思维，适应高空作业、救援原则，通过不断实操训练积累，才能达到最终学习目标。

（四）学时分配

电力杆（塔）高空救援教学学时分配见表6-4。

表6-4　　　　　　　电力杆（塔）高空救援教学学时分配

序号	项目名称	学时
1	电力杆（塔）高空救援装备及救援技术介绍	2
2	救援介绍及讲解、演示	2
3	下方释放救援方式训练	8

（五）实训前准备

1. 教学场地环境

训练电力杆（塔）或高空架，具备防坠落装置。

2. 学员条件

输配电线路高空作业人员6～10人，45岁以下，身体素质良好，无身体、心理疾病。

3. 技术装备

电力杆（塔）高空救援技术装备见表6-5。

表6-5　　　　　　　　　　电力杆（塔）高空救援技术装备

序号	类别	装备名称	单位	数量	备注
1	救援人员个人装备包	救援头盔	顶	10	
2		全身式安全带	条	10	五挂点全身安全带、内置胸升
3		手套	双	10	
4		带K锁自我保护绳	条	1	K锁开口60mm；绳长60cm，直径11mm
5		止坠器	个	5	
6		手式上升器	个	5	
7		可调脚踏带	条	4	
8		下降保护器	个	5	
9		主锁	把	30	
10		钢缆扁带	条	2	长50cm
11		钢缆扁带	条	2	长100cm
12		成型机缝扁带	条	4	长60cm，尼龙
13		成型机缝扁带	条	4	长120cm，尼龙
14		救援辅绳	条	10	长5m；直径6mm
15		头灯	个	10	
16		护目镜	个	10	
17		个人装备包	个	10	尼龙包
18	救援系统包	钢锁	把	5	
19		短链接	套	3	
20		带K锁安全短绳		1	11mm直径8m长静力绳
21		双向救援套装	套	1	
22		抛投套装包	套	1	含抛投包、牵引绳（60m）
23		绳索	条	2	静力绳 长70m 直径11mm
24		护绳套	个	4	

续表

序号	类别	装备名称	单位	数量	备注
25	救援系统包	绳包	个	2	桶包
26		地布	张	2	
27		对讲机	个	3	
28		现场医疗包	个	1	含除颤仪、外伤消毒、包扎、固定材料

（六）实训流程

1. 班前会

实训前培训师组织召开班前会进行"三交三查"，进行培训任务交底、安全交底、措施交底，检查设施设备及工器具、检查人员着装、检查人员身体状况是否符合要求。确认每一位学员知晓"三交"内容，确认"三查"内容符合要求，学员在《安全告知书》上签字确认。

（1）"三交"任务交底：向学员明确交代工作任务（作业内容）、作业流程、作业范围、作业方法要求及人员分工等；安全交底：向全体学员明确交代安全注意事项、危险点；措施交底：对危险点进行分析，对可能出现的危险情况落实预控措施，并向学员交底。

（2）"三查"：培训师会同学员检查现场作业条件是否符合作业要求，安全防护措施是否正确完备；检查确认现场装备、工器具及材料是否满足作业需要；全体人员身体状况良好，正确佩戴安全防护用品，着装符合要求。

2. 任务分工

1人先锋救援、1人辅助救援、3人下方救援、1指挥衔接与沟通。

3. 作业步骤流程总体介绍

电力杆（塔）高空救援作业流程见图6-1。

（七）关键教学技术方法介绍

（1）电力杆（塔）高空救援，下方牵引释放法（1）救援人员提前做好自我保护，通过爬杆或登塔走线，到达受困人员上方，并做好自我双保护（如图6-2所示）（三种救援方式均此标准）。

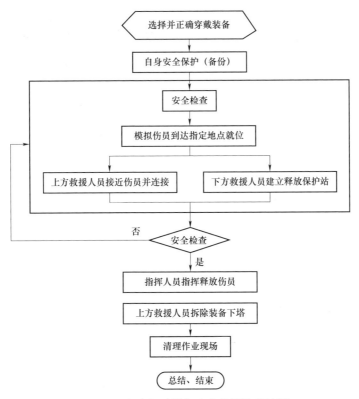

图6-1 电力杆（塔）高空救援作业流程

（2）救援人员到达上端，首先利用护绳套缠绕导线，避免摩擦损伤，然后用扁带缠绕建立两个保护站，保护站利用绳索，一个用于救援人员本身（如图6-3所示）。一个用于施救，施救端保护站挂入滑轮，救援人员将救援绳穿过上方滑轮挂入自身保护环，下降至被困人员处（根据现场情况选择方式）。

同时下方救援人员利用救援绳另外一端，在下方寻找塔角或者粗壮的树木，扁带缠绕挂入 ID 建立下方保护站与下方提拉所需的倍力系统（如图6-4所示）。

图6-2　登塔走线接近受困人员示意图

图6-3　保护站示意图

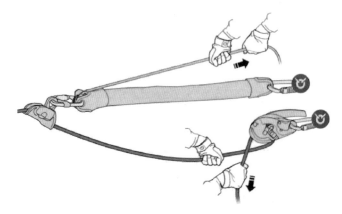
图6-4　倍力系统示意图

（3）救援人员到达受困人员处，首先给受困人员穿上救援三角带，转换受困人员姿态，接着将携带的救援绳挂入被困者保护环上，下方救援人员确认上方安全连接后，向上提拉，卸掉原有保护点的力，卸力后上方救援人员拆除原有悬挂保护绳（必要时可割掉原有保护绳），下方人员随后将受困人员释放至安全地面。

（八）实训总结

（1）总结训练过程中的问题、难点、原因。

（2）针对问题，总结，改善方式，落实到下次应用。

（3）救援人员，每人须清楚掌握各个位置救援技术操作流程。

（4）针对救援模拟场景，能默写、绘画出整套救援流程及系统。

二、输电线路导线高空救援教学方案

（一）教学目标

通过输电线路高空救援学习，了解高空救援基础知识，具备高空作业危险防范意识，掌握输电线路高空救援不同环境下的救援技术，提升输电人员高空作业坠落后的救援效率。

（二）教学重点

现场安全意识、救援环境评估、救援方案制定、救援操作实施。

（三）教学难点

学习转换思维，适应高空作业、救援原则，通过不断实操训练积累，才能达到最终学习目标。

（四）学时分配

输电线路高空救援教学学时分配见表6-6。

表6-6　　　　　　　　　　输电线路高空救援教学学时分配

序号	项目名称	学时
1	输电线路高空救援装备及救援技术介绍	2
2	不同环境，不同方式救援介绍介绍及讲解、演示	2
3	上方释放救援方式训练	8
4	下方释放救援方式训练	8
5	陪伴释放救援方式训练	8
6	斜向释放救援方式训练	8

（五）实训前准备

1. 教学场地环境

500kV及以上超高压、特高压实训输电线路，杆塔具备防坠落装置。

2. 学员条件

输配电线路高空作业人员 6～10 人，45 岁以下，身体素质良好，无身体、心理疾病。

3. 技术装备

输电线路高空救援技术装备见表 6－7。

表 6－7　　　　　　　　　　　输电线路高空救援技术装备

序号	类别	装备名称	单位	数量	备注
1	救援人员个人装备包	救援头盔	个	10	
2		全身式安全带	条	10	五挂点全身安全带、内置胸升
3		手套	副	10	
4		带 K 锁自我保护绳	条	5	K 锁开口 60mm；绳长 60cm，直径 11mm
5		止坠器	个	5	
6		手式上升器	个	6	
7		可调脚踏带	条	4	
8		下降保护器	个	4	
9		主锁	把	30	
10		成型机缝扁带	条	4	长 60cm，尼龙
11		成型机缝扁带	条	4	长 120cm，尼龙
12		救援辅绳	条	5	长 5m；直径 6mm
13		头灯	个	10	
14		护目镜	个	10	
15		个人装备包	个	10	尼龙包
16	救援系统包	钢锁	把	5	
17		短链接	套	3	
18		带 K 锁安全短绳	条	1	11mm 直径 8m 长静力绳
19		双向救援套装	套	1	
20		抛投套装包	套	1	含抛投包、牵引绳（60m）
21		绳索	条	2	静力绳 长 70m 直径 11mm
22		护绳套	个	4	

序号	类别	装备名称	单位	数量	备注
23	救援系统包	绳包	个	2	桶包
24		地布	张	2	
25		对讲机	个	3	
26		现场医疗包	个	1	含除颤仪、外伤消毒、包扎、固定材料

（六）实训流程

1. 班前会

实训前培训师组织召开班前会进行"三交三查"，进行培训任务交底、安全交底、措施交底，检查设施设备及工器具、检查人员着装、检查人员身体状况是否符合要求。确认每一位学员知晓"三交"内容，确认"三查"内容符合要求，学员在《安全告知书》上签字确认。

（1）"三交"任务交底：向学员明确交代工作任务（作业内容）、作业流程、作业范围、作业方法要求及人员分工等；安全交底：向全体学员明确交代安全注意事项、危险点；措施交底：对危险点进行分析，对可能出现的危险情况落实预控措施，并向学员交底。

（2）"三查"：培训师会同学员检查现场作业条件是否符合作业要求，安全防护措施是否正确完备；检查确认现场装备、工器具及材料是否满足作业需要；全体人员身体状况良好，正确佩戴安全防护用品，着装符合要求。

2. 任务分工

1人先锋救援、1人辅助救援、3人下方救援、1指挥衔接与沟通。

3. 作业步骤流程总体介绍

该培训模块作业步骤流程总体与电力杆（塔）高空救援技术一致（见图6-1）。

（七）关键教学技术方法介绍

1. 上方释放救援

无人陪伴上方释放救援特点：该救援方式适合被困人员无需陪伴的情

景，一般可以通过使用一个现成的救援套组实现，所需装备较少，对绳索需求量少，只需要释放距离一倍绳距即可完成救援（如图6-5所示）。

图6-5　上方释放救援示意图

上方释放救援作业步骤：

（1）救援人员通过登塔走线方式到达被困人员上端做好自我双保护，接触安抚被困人员，利用护绳套缠绕导线，避免摩擦损伤，然后用扁带缠绕建立两个保护站，取出双向救援套装用倍力系统端扣与保护站连接。保护站建立方式见图6-6。

图6-6　保护站建立示意图

（2）救援人员把自身保护（使用ID与静力绳连接）转移至第二个保护站，拆除原有保护，下降接近受困人员（下降时需带救援套装ID受力端）。

（3）现场评估，根据被困人员实际情况选择背部挂点救援或者采用救援三角带救援。与被困人员挂接后收紧下降器受力端绳索并锁死下降器。

背部挂点救援（见图6-7）：优点是救援速度快，救援人员下降距离短；缺点是被困人员腿部得不到缓释，只适合短距离疏散。

救援三角带救援（见图6-8）：优点是被困人员腿部得到缓解、较舒适；缺点是救援人员需要下降更多距离，相对繁琐，适合长时间长距离疏散。

图6-7　背部挂点救援　　　　　　图6-8　救援三角带救援

（4）救援人员上升至上端保护，收紧四分之一套装，使被困人员力量转换至救援套装上，摘除被困人员原有悬挂保护绳（作业顺序见图6-9）。

a　　　　　　　b　　　　　　　c　　　　　　　d

图6-9　救援三角带救援作业顺序示意图

（5）救援人员平缓释放伤员至地面（见图6-10）。

图6-10　平缓释放伤员至地面

（6）救援结束，救援人员可由保护人员拖拽至铁塔或直接转换救援套装绳索下降。

2. 下方释放救援

无人陪伴下方释放救援特点：该救援方式适合被困人员无需陪伴的情景，被困人员释放由地面救援人员完成，大量降低高空救援工作量。但所需装备较多，对绳索需求量大，需要释放距离两倍以上绳距的绳索才能完成救援（见图6-11）。

图6-11　下方释放救援示意图

下方释放救援作业步骤：

（1）救援人员通过登塔走线方式到达被困人员上端做好自我双保护，接触安抚被困人员，在导线上建立并锁定锚点（用护绳套包裹导线，再用 60mm 扁带以 2×22kN 方式多次缠绕直到扁带不会滑动（见图 6-12）。

图 6-12　在导线上建立并锁定锚点示意图

（2）缆车滑轮倒置挂入锁定锚点，并将牵引绳扣入缆车滑轮，塔上保护人员全部释放牵引绳，地面保护人员设置保护站。

（3）救援人员把自身保护（使用 ID 与静力绳连接）转移至第二个保护站，拆除原有保护，下降接近受困人员（见图 6-13）。下降时需携带通过滑轮的受力端。

（4）用绳头挂接被困人员（如图 6-14 所示，背部挂点及使用救援三角带均可）。

（5）利用扁带缠绕塔脚连接 ID，在下方建立倍力系统向上提拉受困人员（见图 6-15）。

（6）下方人员提拉，当被困人员重量全部转移至释放绳，下方锁定 ID，上下方沟通，上方人员解除被困人员原有悬挂保护绳（见图 6-16）。

图6-13　下降接近受困人员示意图　　图6-14　用绳头挂接受困人员示意图

图6-15　下方保护站、倍力系统建立示意图

（7）拆除倍力系统，转换到下降状态（见图6-17）。

（8）下方缓慢将被困人员释放至地面，释放过程中保持制动端向后（见图6-18）。

3. 陪伴释放救援

陪伴下降救援需要适当的训练，在掌握先进的绳索技术在的前提下，救援方法应该尽可能迅速，以减少悬吊时造成创伤的风险，尤其是当受害者是无意识的时候。陪伴救援在下降救援过程中可帮助被困人员通过复杂地形，有陪伴的救援对被困人员的心理安抚是至关重要的并能及时监测被困人员的生命体征（见图 6-19）。

图 6-16 解除被困人员原有悬挂保护绳示意图

图 6-17 拆除倍力系统，转换到下降状态示意图

图 6−18　下方缓慢将被困人员释放至地面示意图

图 6−19　陪伴下降救援示意图

（1）单绳救援：

优点——高效快捷，所需装备器材较少，这点在野外环境中尤其重要。

缺点——风险较高，没有备份系统。

（2）双绳救援：

优点——安全。

缺点——所需装备较多。

陪伴释放救援作业步骤：

（1）救援人员通过登塔走线方式到达被困人员上端做好自我双保护，接触安抚被困人员，利用护绳套缠绕导线，避免摩擦损伤，然后用扁带缠绕建立两个保护站。用护绳套包裹导线，再用 60mm 扁带以 2×22kN 方式多次缠绕直到扁带不会滑动。

（2）拿出双向救援套装，把 ID 方向受力端绳索扣入刚建立的锚点中，救援人员扣入下降器，救援人员重量转移至救援套装的 ID 上，倍力系统朝下，确保完全拉长状态。

（3）保护站建立一条防坠备份保护绳。

（4）救援人员在保护绳索上安装移动止坠落器，并解除原有导线双保护。转换成完整下降装备，手握救援套装绳索制动端，操作下降器，匀速下降至被困人员挂点位置上约 50cm 处（见图 6-20）。

（5）为被困人员穿戴救援三角带（见图 6-21）。

图 6-20　救援人员下降示意图

图 6-21　穿戴救援三角带

（6）用倍力系统挂接被困人员（见图 6-22）。

图 6-22 挂接被困人员

（7）救援人员微距上升，让倍力系统两端绷紧，绷紧后提拉系统提升被困人员完成重量转换，让原有悬挂保护卸力（见图 6-23）。

图 6-23 被困人员原有悬挂保护卸力

（8）摘除被困人员原有悬挂保护。救援人员与被困人员高度若未调节好或被困人员绳索弹性过大，均可能造成无法解除被困人员之保护绳，在安全前提下可采用割绳方式强制脱离（见图 6-24）。

图 6-24　摘除被困人员原有悬挂保护

（9）陪护下降时，双腿夹住受困人员腋下，对被困人员做好保护和控制，下降器增加摩擦制动后，缓慢释放下降（见图6-25）。

图 6-25　增加摩擦，缓慢释放

（10）被困人员到底地面后，救援人员脱离开下降器。被困人员成 W 人型防止返流综合症（见图6-26）。

图 6-26　被困人员成 W 人型

4. 综合救援

综合救援即斜拉绳桥带人下降救援。高空作业人员发生坠落后，安全带背部挂点和防坠落保护绳受力后将作业人员悬吊在导线下方，救援点所处杆塔过高、出线距离过长或所处环境复杂，救援技术难度较大，由具备复杂条件下综合救援能力的区域救援队进行外部增援。

在导线扭曲的情况下，地面环境不允许进行垂直向下疏散，则高空、地面救援人员协同搭建斜拉绳桥，将被困人员解救脱困后通过绳桥陪同下降至地面（见图 6-27）。

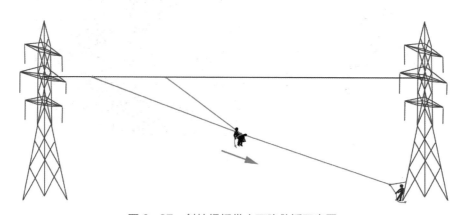

图 6-27　斜拉绳桥带人下降救援示意图

（1）装备需求：提拉套装 1 条、上升器 1 把。

操作步骤：

1）释放到绳结处，锁死下降器（见图 6-28）。

2）在保护站中挂入提拉套装并收短，在受力端装入上升器（见图 6-29）。

图 6-28　锁死下降器　　　　　图 6-29　挂入提拉套装并收短

3）释放下降器，力量转换至提拉套装（见图 6-30）。

4）绳索脱离下降器（见图 6-31）。

5）通过绳结后装入下降器，并锁死下降器（见图 6-32）。

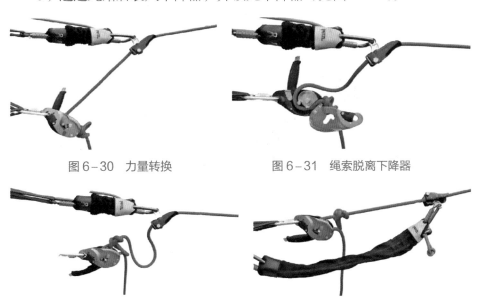

图 6-30　力量转换　　　　　图 6-31　绳索脱离下降器

图 6-32　锁死下降器

（2）绳桥架设：在一些复杂环境下，导线下方人员无法站立，那么被困人员疏散地点需要偏移，因此我们需要架设绳桥让被困人员沿绳桥滑降到预定地点。装备需求：导轨绳 1 条、牵引绳 1 条、滑轮 1 个、下降器 1 把、扁带 2 条、锁扣 2 把、提拉套装 1 条（如有条件架设双绳桥是更安全的，双绳桥需要配合侧板双滑轮使用）。

操作步骤：

1）无论采用哪种救援方式，需要架设绳桥救援时，首先要使用三角救援带转换被困人员的姿态，减缓引发悬吊创伤的时间。

2）姿态转换后，辅助救援人员带 2 条绳索（1 条牵引绳 1 条导轨绳）接近被困人员（见图 6-33）。

图 6-33　接近被困人员

3）在导线上建立锁定锚点并扣入导轨绳，用护绳套包裹导线，再用 60mm 扁带以 2×22kN 方式多次缠绕直到扁带不会滑动。

4）保持导轨绳松弛状态，滑轮挂入导轨绳并连接到被困人员（见图 6-34）。

图6-34　导轨绳连接被困人员

5）牵引绳连接到被困人员（见图6-35）。

图6-35　牵引绳连接被困人员

6）架设下方保护站，利用提拉套装收紧导轨绳（见图6-36）。

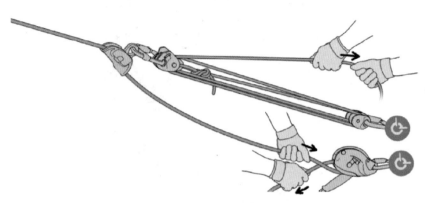

图6-36　下方保护站示意图

7）上方缓慢释放，下方同时收牵引绳，运送伤员到指定位置（见图6-37）。

图6-37　运送伤员示意图

（八）实训总结

总结训练过程中的问题、难点、原因，提出改进措施。要求每名救援人员必须清楚掌握各个位置救援技术操作流程，并针对救援模拟场景，能默写、绘画出整套救援流程及系统。

第七章　现 场 紧 急 救 护

第一节　现场紧急救护概述

一、现场紧急救护的内容及其重要性

现场紧急救护就是在事发现场，救护人员运用救护知识和技能，对各种急症、意外事故、创伤和突发公共卫生事件等施行现场初步紧急救护工作，主要包括心肺复苏、止血、包扎、骨折固定以及伤员搬运。

现场救护的首要任务是抢救生命、减少伤员痛苦、减少和预防伤情加重及并发症，正确而迅速把伤病员转送到医院。

二、现场紧急救护因遵循的原则

现场紧急救护的原则是：

（1）先抢后救：使处于危险境地的伤病员尽快脱离险地，移至安全地带后再救治。

（2）先重后轻：对大出血、呼吸异常、脉搏细弱或心跳停止、神志不清的伤病员，应立即采取急救措施，搭救生命。昏迷伤病员应注意维护呼吸通道通畅。伤口处理一般先止血、后包扎、再固定，并尽快妥善送到医院。

（3）先救后送：现场所有的伤病员需经过急救处理后，方可转送至医院。

第二节　现场紧急救护教学知识模块

一、心肺复苏教学模块

（1）心肺复苏教学内容主要介绍心肺复苏术应用、操作等。心肺复苏术简称 CPR，是针对骤停的心脏和呼吸采取的救命技术。目的是为了恢复患者自主呼吸和自主循环。心搏骤停（Cardiac Arrest，CA）是指各种原因引起的、在未能预计的情况和时间内心脏突然停止搏动，从而导致有效心泵功能和有效循环突然中止，引起全身组织细胞严重缺血、缺氧和代谢障碍，如不及时抢救将立刻失去生命。心搏骤停不同于任何慢性病终末期的心脏停搏，若及时采取正确有效的复苏措施，病人有可能被挽回生命并得到康复。

心搏骤停一旦发生，如得不到即刻及时的抢救复苏，4~6min 后会造成患者脑和其他人体重要器官组织的不可逆的损害，因此心搏骤停后的心肺复苏（cardio pulmonary resuscitation，CPR）必须在现场立即进行，为进一步抢救直至挽回心搏骤停伤病员的生命而赢得最宝贵的时间。

（2）心肺复苏术的程序：① 立即识别心脏停搏并启动应急反应系统；② 尽早实施心肺复苏 CPR，强调胸外按压；③ 快速除颤；④ 有效的高级生命支持；⑤ 综合的心脏骤停后治疗。见图 7-1。

图 7-1　心肺复苏术的程序示意图

（3）心肺复苏术的注意事项：① 尽快开展心肺复苏术，发现患者可能心跳骤停时要尽速反应；② 注意按压的体位，患者一定要平躺，仰卧在坚实的地方，如坚实的地板或床板或其他平板垫；③ 注意按压的位置准确，具体的按压部位是胸骨的正中。

教学要求：掌握心肺复苏的适应范围，如何判断是否心搏骤停。熟悉心肺复苏的流程和每个运作的实施要求，掌握心肺复苏效果的评判。

二、创伤急救教学模块

创伤急救指的是实施者紧急情况下在现场能够使用的、不需要或很少需要医疗设备的，对危重症患者采取急救措施。据调查，严重创伤抢救的黄金时间是在受伤后 1h 内，猝死抢救的最佳时间则是最初的 4min 以内。学习掌握基本的急救知识和急救技能、应用急救知识和急救技术对病人进行现场抢救，尽可能维持病人最基本的生命体征（如呼吸、脉搏和血压等），为危重病人创造更多的生存机会、提高危重病人的生存率。

创伤急救的总原则是要保证有正常的呼吸和心跳，同时防止失血过多，尽量恢复伤者的意识。

（1）创伤急救原则是先抢救，后固定，再搬运，并注意采取措施，防止伤情加重或污染，需要送医院救治的，应做好保护伤员的措施后再送医院救治。

（2）抢救前先使伤员安静躺平，判断全身情况和受伤程度，如有无出血、骨折和休克等。

（3）体表出血时应立即采取止血措施，防止失血过多而休克，外观无伤，但呈休克状态，神志不清或昏迷者，要考虑胸腹部内脏或脑部受伤的可能性。

（4）为防止伤口感染，应用清洁布片覆盖，救护人员不得用手直接接触伤口，更不得在伤口内堵塞任何东西或随便用药。

（5）搬运时应根据伤员伤情选择适当的搬运方法和工具，及时、迅速转运伤员，迅速脱离危险现场、防止再次受伤，立即送往急救站或指定医院，以便进一步救治。应使伤员平躺且腰部束在担架上，防止跌下。平地搬运伤员时头部在后，上楼、下楼、下坡时头部在上，搬运中动作要轻巧、迅速，尽量减少震动和颠簸，还应严密观察伤员，防止伤情突变。

教学要求：掌握直接压迫止血、加压包扎止血、止血带法止血的止血适应范围、止血部位、止血方法要点，了解内脏出血的识别和处理方法；掌握骨折的识别和判断、包扎伤口的方法和预防感染等要求，掌握四肢骨折临时固定的不同方法，了解开放性骨折的处理，断肢保存等；掌握单人徒手搬运、双人徒手搬运法、多人徒手搬运法，了解每种徒手搬运的适应范围、操作方法及各种类型的伤员搬运要求。

第三节　现场紧急救护典型教学方案

一、心肺复苏教学方案

（一）教学目标

通过对心肺复苏的实施范围、操作方法、操作流程、操作要点等环节的学习，熟练掌握心肺复苏基本技能。

（二）教学重点

心肺复苏操作流程。掌握心肺复苏的实施范围、操作方法等关键技能的操作步骤流程、规范要求及注意事项，达到能够快速实施心肺复苏的目标。

（三）教学难点

心脏按压的位置、力度和姿势，要求学员能快速熟练找到正确的按压位置。

（四）学时分配

心肺复苏学时分配表见表 7-1。

表 7-1　　　　　　　　　心肺复苏学时分配表

序号	教学内容	学时
1	讲解、示范	1
2	操作流程学习	1
3	心脏按压的位置、力度和姿势重点练习	1
4	心肺复苏全流程综合练习	1

（五）实训前准备

1. 教学环境

80m² 以上教室一间。

2. 学员条件

人数不超过 20 人为宜，要求参训人员精神状态良好，着应急工作服或休闲运动装。

3. 设施设备、材料、工器具

心肺复苏设施装备、工器具、材料表见表 7－2。

表 7－2　　　　　　　心肺复苏设施装备、工器具、材料表

序号	物品名称	单位	数量	备注
1	心肺复苏模拟人	套	2	
2	酒精	瓶	2	500mL/瓶
3	医用棉签	包	10	
4	一次性 CPR 屏障消毒面膜	张	100	一次性用品
5	垫枕	个	2	50cm×30cm
6	电源排插	个	2	

（六）实训流程

（1）心肺复苏步骤流程总体介绍：心肺复苏最主要过程为判（意识、呼吸判断）、压（人工胸外按压）、吹（人工口对口呼吸）三步，只要掌握这三步骤，就达到了基本要求。

（2）心肺复苏全过程演示。

（3）学员分组练习，教师现场指导。

（七）关键教学技术方法介绍

（1）心肺复苏实施的时机。

（2）呼喊判断是否需要心肺复苏：

1）评估周围环境是否安全。

2）轻拍伤员双肩，确认是否失去意识，同时转身招手摆臂并呼救。

3）摆放体位：伤员取仰卧位，置于地面或硬板上；靠近伤员跪地，操

作者左腿平病人肩部，双膝略开与肩同宽。

4）判断呼吸：用看、听、感觉判断患者有无呼吸，判断时间 5～10 秒。操作者左侧面颊贴近患者口鼻，看胸廓有无起伏，听口鼻有无呼吸音，感觉病人有无气流呼出。

5）胸外心脏按压：立即进行胸外心脏按压 30 次。按压时观察患者面部反应。

胸外心脏按压方法（如图 7-2 所示）。

a. 双手扣手，两肘关节伸直（肩肘腕关节呈一直线）；

b. 以身体重量垂直下压，压力均匀，不可使用瞬间力量；

c. 按压部位胸骨中下 1/3 交界处；

d. 按压频率 100～120 次/分；

e. 按压深度 5～6cm（SBK/CPR 350），每次按压后胸廓完全弹回，保证按压与松开时间基本相等。

6）开放气道，清除异物：左手小鱼际压住病人额头部，右手中指、食指合拢抬起下颌骨，充分开放气道；用手指清理口腔内异物。

7）口对口（或鼻）人口呼吸（如图 7-3 所示）：压头抬颏同时吹气 2口，吹气时要用左手拇指、食指捏住患者鼻翼，以防止漏气。吹气后观察胸廓有无起伏，同时松开捏鼻翼的左手拇指、食指。

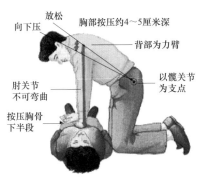

图 7-2　胸外心脏按压示意图　　　图 7-3　口对口（或鼻）人口呼吸示意图

8）胸外按压与人工呼吸比率：不论单人或双人均为 30:2。

9）抢救过程中的判断。每做 5 个周期 30:2，最后一个周期吹气两口后需复检呼吸、颈动脉搏动。

（八）实训总结

对学员心肺复苏的实施情况、实施流程、主要技术环节进行点评，提出下一步练习的方向，以持续、牢固地掌握心肺复苏方法。

二、创伤急救教学方案

（一）教学目标

通过培训和训练，使参加培训的人员初步掌握止血、包扎、骨折固定及伤员徒手搬运的基本方法，获得基本急救常识，基本具备灾害和事故现场进行伤员救助与自救的基本技能。

（二）教学重点

止血的各项目技能和包扎的手法、骨折固定技能。

（三）教学难点

止血的位置判断。

（四）学时分配

创伤急救教学学时分配表见表7-3。

表7-3　　　　　　　　　创伤急救教学学时分配表

序号	教学内容	学时
1	止血的讲解、示范及练习	1
2	包扎的讲解、示范及练习	1.5
3	骨折固定的讲解、示范及练习	1
4	伤员徒手搬运的讲解、示范及练习	0.5

（五）实训前准备

1. 教学环境

$80m^2$ 以上教室一间。

2. 学员条件

人数不超过30人为宜，要求参训人员精神状态良好，着应急工作服或休闲运动装。

3. 设施设备、材料、工器具

创伤急救教学设施装备、工器具、材料表见表7-4。

表7-4 创伤急救教学设施装备、工器具、材料表

序号	物品名称	单位	数量	备注
1	三角巾、绷带套装	套	30	要求弹性绷带
2	辅料（纱布）	张	30	5cm×5cm
3	夹板	块	10	
4	树枝或木棍	根	10	长度15～20cm
5	杂志或报纸	本	10	用于替代夹板
6	毛毯	张	2	

（六）实训流程

对每一种创伤急救方法分别讲解、演示，每种创伤急救方法演示后即进行练习，直至所有学员基本掌握后再进行下一种创伤急救方法的讲解、演示和练习。

（七）关键教学技术方法介绍

1. 止血

常用止血方法：

（1）压迫止血——适用于静脉以及小动脉出血。用超过伤口3cm的敷料直接按压伤口，不丢弃浸湿的敷料。

（2）指压止血——适用于四肢及头部动脉出血（见图7-4）。

（3）止血带法止血——仅适用于四肢大动脉出血（见图7-5）。选取部位：上肢扎于上臂的上1/3处，下肢扎于大腿的中上段。

2. 包扎

现场包扎原则：① 要做好自我保护；② 要暴露伤口（用敷料封闭伤口以预防污染）；③ 做到现场三不（不复位、不冲洗、不涂药，但化学伤和烧烫伤除外）；④ 异物嵌入及开放性骨折处不能直接包扎；⑤ 动作要轻、准、快。包扎主要材料包括绷带、三角巾和医用胶带，也可现场就地取材（衣服、围巾、领带、毛巾、帽子、床单、丝袜等）。

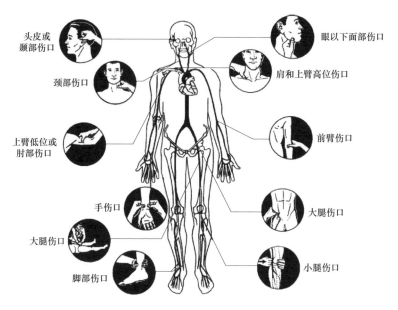

头皮或
颞部伤口

颈部伤口

上臂低位或
肘部伤口

手伤口

大腿伤口

脚部伤口

眼以下面部伤口

肩和上臂高位伤口

前臂伤口

大腿伤口

小腿伤口

图 7-4　各出血位置的指压止血示意图

步骤一：加垫

步骤二：提起

步骤三：绞紧

步骤四：固定

步骤五：时间

图 7-5　止血带法止血操作五步骤示意图

（1）绷带包扎法。

环行包扎，见图 7-6～图 7-9：① 螺旋包扎，见图 7-7；② 肢体 8 字包扎，见图 7-8；③ 关节 8 字包扎，见图 7-9。

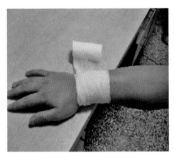

图 7-6　环行包扎

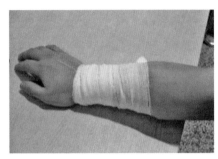

图 7-7　螺旋包扎

图 7-8　肢体 8 字包扎

图 7-9　关节 8 字包扎

（2）三角巾包扎法。

1）头部（帽式）包扎，见图 7-10。

2）眼睛（单眼、双眼）包扎，见图 7-11。

3）肩部（燕尾式）包扎，见图 7-12。

图 7-10　头部（帽式）包扎

图 7-11　眼部包扎　　图 7-12　肩部包扎

4）胸、腹、臀部包扎（仅作遮盖创面）。

5）肘、膝关节（带式）包扎（见图7-13）。

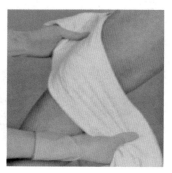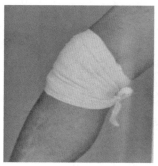

图7-13　肘、膝关节包扎

3. 骨折固定

骨折即骨的完整性发生改变，可通过肢体的疼痛、肿胀、畸形、功能障碍等情况来判断是否肢体骨折。骨折分为闭合性、开放性两种类型，按骨折程度又分为完全性、不完全性和嵌插性三种。

（1）前臂骨折（桡尺骨骨折）固定，见图7-14。

（2）上臂骨折（肱骨骨折）固定，见图7-15。

木板固定　　　　　　小悬臂带悬吊

图7-14　前臂骨折固定　　　　图7-15　上臂骨折固定

（3）大腿骨折（股骨骨折）固定，见图7-16。

（4）小腿骨折固定，见图7-17。

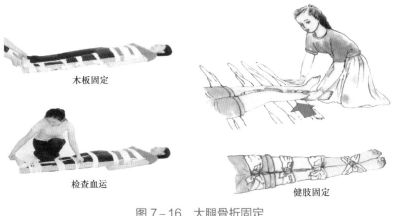

图7-16 大腿骨折固定

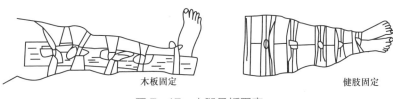

图7-17 小腿骨折固定

（5）颈椎骨折固定，见图7-18。

图7-18 颈椎骨折固定

4. 伤员搬运基本方法

（1）单人徒手搬运：

1）扶持搬运法（见图7-19）：适用于意识清醒，没有骨折，伤势不重，能自己行走的伤员。

2）抱持搬运法（见图7-20）：适用于年幼、体轻，没有骨折，伤势不重的伤员，是短距离搬运的最佳方法。

3）背负搬运法（见图 7–21）：适用于老幼、体轻，意识清醒的伤员。

图 7–19　扶持搬运法　　图 7–20　抱持搬运法　　图 7–21　背负搬运法

4）肩负搬运法（见图 7–22）：适用于体重较大，意识清醒的伤员。

5）拖拉、爬行搬运法（见图 7–23）：适用于狭窄空间或浓烟环境下的伤员搬运。

图 7–22　肩负搬运法　　　　　图 7–23　拖拉、爬行搬运法

（2）双人徒手搬运法：

1）轿杠式搬运法（见图 7–24）：急救者两人四手臂交叉。

2）拉车式搬运法（见图 7–25）：一急救者抱住伤员双脖，另一则双手从腋下抱住伤员。

3）椅托式搬运法（见图 7–26）：急救者两人手臂交叉，呈座椅状。

4）椅式搬运法（见图 7–27）：将伤员放在座椅以搬运。

5）平抬式搬运法（见图7-28）：两位急救者双手平抱伤员胸背部及臀部、下肢。

图7-24 轿杠式搬运法   图7-25 拉车式搬运法   图7-26 椅托式搬运法

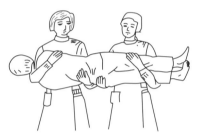

图7-27 椅式搬运法   图7-28 平抬式搬运法

（3）多人徒手搬运法（见图7-29）：适用于疑是脊椎骨折伤员的搬运。

图7-29 多人徒手搬运法

第八章 灾后心理辅导

第一节 灾后心理辅导概述

在灾难性事件当中，人们或多或少、或严重或轻微在心理上受到影响，有些影响甚至会非常深远。因此每一次大的灾难之后的心理辅导，就成为非常重要的一个任务。

一、灾后心理辅导中的"灾"

《现代汉语词典》中，灾害的定义为："自然现象和人为行为对人和动物及生存环境造成的一定规模的祸害。"灾难的定义为："天灾人祸所造成的严重损害或痛苦。"从字面理解起来，在人们的认识中，灾难的严重性大于灾害。灾害指向的是事件本身，而灾难则更多地涉及人们的痛苦和财产的损失。在学术研究中，灾害一般界定在灾害学的范畴，灾难则与应急管理联系紧密。

在我国应急管理中对灾害事件曾出现过两个名词："突发公共事件"和"突发事件"。"突发公共事件"出现在《国家突发公共事件总体应急预案》中，而"突发事件"则是在我国 2007 年 11 月 1 日起施行的《中华人民共和国突发事件应对法》里。《中华人民共和国突发事件应对法》中规定，突发事件，是指突然发生，造成或者可能造成严重社会危害，需要采取应急处置措施予以应对的自然灾害、事故灾难、公共卫生事件和社会安全事件。

灾后心理辅导的相关研究源于应急管理工作的实践。因此，灾后心理辅导中的"灾"，并不是指某一个特定时间事件，而是应当符合突发事件的特点，即更多地强调事件所带来的后果，如生命、财产、自然的损失，以及对于这些灾难性破坏政府组织、动员社会资源投入其中的程度。

因此，灾后心理辅导工作是纳入应急工作体系之中，成为灾后应急与灾后恢复工作的重要工作内容。

二、灾后心理辅导的概念

（一）灾难心理

灾难往往突如其来，可能造成生命安全、财产等损失。人在没有任何心理准备的情况下遭受打击，目睹死亡和毁灭，会造成焦虑、紧张、恐惧等急性心理创伤，甚至留下无法弥补的长久心理伤害。

灾难发生后及时进行心理援助，可以帮助灾难亲历者最大限度地利用积极应对技能，面对和走出可能的心理阴影。抢险救援人员的心理疏导也不能忽视，满目疮痍的灾难现场会带给他们极大的心理压力。

灾难心理是指灾难对人产生的一系列影响所带来的心理反应。

（二）灾后心理辅导

灾后提供的心理干预服务就是灾后心理辅导。广义的灾后心理辅导服务于全部受灾难事件波及的人群，比如幸存者、目击者、救援者和以上人员的亲友等。狭义的灾后心理辅导则将焦点聚集在某些特定人群身上，比如幸存者、居丧者、因灾伤残人员和亲历救援人员等。不同人群的灾后心理需求及反应不同，因此辅导的重点和策略会有不同。

（三）灾后心理辅导的过程

灾后心理辅导一般分为三个阶段：第一阶段为灾后一周内，主要为干预紧急或应激类心理危机；第二阶段为之后的一个月左右，主要为统一组织有序、有规划的心理干预工作；第三阶段为后续的心理重建阶段，可能耗时很长，需要制定系统规划并与当事人、当地社区人员等进行配合，深入细致的治疗受灾人员心理创伤。

三、灾后心理辅导的作用

（一）灾后心理辅导的必要性

灾难事件不仅给人们带来巨大的经济损失，也往往伴随着严重的人员伤亡，给人们造成毁灭性的心理伤害。

世界卫生组织调查显示，自然灾害或重大突发事件发生后，30%左右的受灾人群会出现轻度的心理失调，这些症状会在几天至几周内得以缓解。50%左右的人群会出现中度至重度的心理失调，及时的危机干预和心理支持可以使症状得到一定的缓解。还有20%左右的人群则可能会在灾难过后的一年内出现严重的心理疾病，当事人往往伴随有睡眠障碍、心理麻木、情景闪回、梦魇、错觉等症状，给当事人造成极大的痛苦，甚至导致自杀行为的出现，他们需要长期的心理治疗。

特别是一些特殊人群，可能属于灾后心理危机的高危人群，如儿童与青少年、老年人、失去至亲人群、灾难应对者等。这些人如果不能得到及时的心理疏导，就有可能沉浸在灾难带来的伤感之中无法自拔，严重的心理症状甚至可能持续多年，使他们无法正常生活，最终导致抑郁、自杀倾向等。这类人群如果没有灾后心理辅导的介入，可能会形成巨大的不安定因素，对个人乃至社会都是隐患。

（二）灾后心理辅导的重要性

1. 灾后心理辅导有利于促进受灾群众的心理健康

已有许多实践证明，大灾后，如果进行有效的心理危机干预，能大大降低创伤后应激障碍的发生。支持和协助受灾人群度过这段艰难的历程，尽早从灾难阴影中走出，有利于受灾人群的心理恢复和适应，它的重要性不亚于灾后的重建。

2. 灾后心理辅导能为受灾群众提供情绪宣泄的机会

灾难过后，许多人都会产生无助、焦虑等应激反应。这些反应如果无法释放，往往会引发更严重的症状或行为，影响社会生活的安定。灾后心理辅导的重要环节，就是倾听当事人的述说并及时给予关怀，使得大部分消极感受在第一时间被释放掉，替代为有陪伴、有支持的积极体验，防止不好的情绪不断积累，导致遇到自身难以排解的因素而采取极端行为。

3. 灾后心理恢复辅导能协助受灾群众改善认知

心理学家艾利斯认为，正确的认识和思维方式使人产生正确的行为；错误的认识和思维方式使人产生错误的行为。灾难过后，一些人往往会出现一些偏颇的认知或信念，如果仅靠自身力量进行调节和控制，往往效果甚微。而心理辅导借助于对话、讨论、引导、启发等方式，协助个体改变对外界不合理的认知，形成对客观世界合理且积极的思维和行为，有助于形成良好的人生观和世界观，从而减少社会矛盾的积聚，促进社会的和谐与稳定。

四、灾后心理辅导的目标和原则

（一）灾后心理辅导的目标

2020 年初，新型冠状病毒感染的肺炎疫情出现，国家卫健委第一时间印发并公开了《新型冠状病毒感染的肺炎疫情紧急心理危机干预指导原则》指导心理从业人员及机构在疫情期对目标人群进行心理干预。当中有针对此项事件的心理干预目标和原则。除了针对某一项具体事件的心理干预目标，灾后心理辅导的目标可以分为以下几个层次：

（1）维持生命自然节律。即希望通过灾后心理疏导，使受灾人群可以在较短的时间内恢复基本正常的作息和生活，达到生活和心理上的平衡。

（2）宣泄稳定心理情绪。指在灾后心理辅导中鼓励进行合理的心理宣泄，释放应激情绪，以调节受灾人群情绪。

（3）整合资源求助有路。通过灾后心理疏导，帮助人群整合自身内心和身边的资源，减轻孤独感，普及心理求助的方式方法，使人群在有心理支持需要时有求助的意识和得到支持的途径。

（4）重新认识得到提高。如果通过心理干预手段仅仅使受灾人群的心理机制恢复到受灾之前的水平，则多少有些"治标不治本"，一旦再次遇到压力或应激事件，可能仍然触发消极症状。因此灾后心理辅导的最终目标应当是"授之以渔"，使人群学会一定的心理调节方法，提升心理应激水平，能在之后的危急中有更好的心理应对策略和手段。

（二）灾后心理辅导的原则

原则是指观察问题、处理问题的准则。灾后心理辅导的原则，是灾后心理辅导工作中应当遵循的一般准则。

（1）心理疏导原则。"疏导"指引导消除阻塞，使之通畅之意。灾后心理辅导的疏导原则，即通过心理辅导的相关技术及方法对受灾人群进行心理上的宣泄和引导，使之心理能力流动并能趋向积极。

（2）以人为中心原则。即一切灾后的心理辅导要以受灾人群为出发点，在尊重、共情、信任的基础上进行。以人为中心强调当事人的尊严、人格和权利，要求灾后心理辅导须围绕受灾人群的心理需求、生活习惯、个人权益和人格特点展开。

（3）促进正面科学原则。在受灾心理辅导的过程中，除了以心理技术开展支持之外，要引导和促进受灾人群学习灾难的科学知识，避免以讹传讹和负面信息的侵扰，鼓励宣传救灾期间的正能量，引导立足生活开展适宜的身心健康活动。

（4）建立工作边界原则。希望参与救灾的人群有建立内心工作责任边界的意识，倡导有担当但不莽撞，不过分沉浸在灾情中，能在自我能力不足时寻求帮助，在他人求助而自己能力不足时能转介他人，避免自身能量耗竭。

第二节　灾后心理辅导教学知识模块

一、灾后心理应激及影响因素教学模块

灾难发生后，受灾人群往往会产生一系列身心反应。我们把个体针对意识到的重大变化或威胁而产生的身心整体性调适反应叫作应激反应。

（一）灾后心理应激

1. 灾后心理应激的主要表现

最常见的灾后心理应激反应可以分为四类：躯体、情绪、认知、行为。

躯体反应是最容易被观察到的反应，可以再把它细化分为身体感觉和生理反应两种。身体最先反应出的往往是呼吸加快，心跳加速，血压增高，胸闷、心堵等；接着很多人会反应头痛以及恶心，肠胃不适等，甚至是肌肉紧张、全身发凉、手脚发麻等；同时生理上开始出现大脑无法放松，反复出现在意的情景；另外就是让人比较痛苦的睡眠障碍，有人开始出现入睡困难、早醒、睡眠质量差、多梦等，需要注意的是，还有一些人在这个时候会睡得过多，这也是应激反应的表现。

第二类比较明显的应激反应是强烈的负面情绪：比如亢奋、恐惧、悲伤、焦虑、烦躁、愤怒、内疚等。

第三类是认知类应激反应，比如感到困惑，难以清晰思考，难以做决定和解决问题，不知所措，陷入茫然等。

最后是行为类，应激导致行为发生改变或出现异常行为。比如，行为重复，反复检查，来回走动；或不想与人说话，屏蔽相关信息等回避行为；拒绝沟通和命令，不配合等抗拒行为；过量饮酒、吸烟、刷屏等沉浸行为甚至成瘾行为；容易与人发生冲突、易激惹或退行行为等。

2. 对灾后应激反应的认识

应激是一种调适反应，是人类大脑和神经系统长期进化的结果。当个体遭遇重大问题或变故，无法运用自己已有资源和惯常应对方式加以处理时，我们本能的就会进入身体、情绪、认知、行为的失衡状态，以确保我们的安全和生存。应激是一种正常的反应，而且可以提高人的警觉性、增强身体的抵抗和适应能力，也可以增进工作和学习的效果。所以从某种意义上说，应激反应是我们的"保护伞"。但如果应激反应过于强烈、过于持久，那么不管这些反应是生理性还是心理性的，都将是有害的。长期的应激反应，会给身心健康带来风险。

3. 灾后心理反应的分级

一般来说，按照灾难影响的程度高低，会将灾后心理反应的人群分为四个等级。要求心理干预的重点从第一级人群开始，逐步扩展，一般心理宣传教育要覆盖到四级人群。

第一级人群：直接亲历灾难、受灾程度严重的幸存者。

第二级人群：灾难现场的目击者（包括救援者），如目击灾难发生的灾民、现场指挥、救护人员（消防、武警官兵、现场紧急救护人员、其他救护人员）。

第三级人群：与第一级、第二级人群有关的人，如幸存者和目击者的亲人等。

第四级人群：参加灾情应对的后方救援者；受灾情影响的相关人群、易感人群、普通公众等。

4. 灾后心理反应的过程

心理应激和反应的时间长短个体之间存在差异，一般人的灾后心理反应大致可以分为三个阶段，每个阶段呈现不同的症状。

第一阶段，出现在突发事件当时和之后很短的时间内。大多数人在此时主要呈现本能反应，如避险、紧急应对等，有一些人会出现明显的利他行为，自救或救援他人，也有一部分人可能会不知所措、呆若木鸡，还有一部分可能出现恐惧、兴奋、喊叫、冲动行为等。

第二阶段，出现在灾后一周到数月。此阶段的人群已逐渐从茫然中恢复，开始进入焦虑、紧张、不安等状态。在这一时期，人群会呈现不同的应激反应，有的可能出现"幸存者效应"，不断爆发负面情绪，强烈需要与他人分享经历的危险。

第三阶段，出现在灾后半年至一年。大多数人经历了前两个阶段后，随着时间的推移，心理状态会逐步好转。但有部分人群，所受创伤过于严重，又没有得到心理干预的话，就会有进入慢性反应期。主要表现为创伤性事件持续性的再体验闯入性记忆；与创伤有关的持续躲避；持续性的警觉性增高。这些表现严重时将使当事人无比悲痛，如果长期处于创伤后应激障碍中，会给身心带来很大负面影响。

（二）灾后心理反应的影响因素

在灾难的冲击下，一般受灾人群都会受到心理上的影响。但每个人的内心受影响的程度却不尽相同。为什么每个人可能表现出来的应激反应程度不同，是什么在影响着每个人的灾后心理反应呢？一般来说，影响因素包括以下几个方面：

1. 先前心理健康水平

个体先前的心理健康水平是灾后心理反应的重要影响因素。如果个人幼年成长经验中安全感建立较好、创伤经历处理得当、适应性良好，则在面对突发事件冲击时能恰当应对，较好的复原。

2. 灾难意识

灾难意识是指灾难这个客观事实在人们心理上的反映。一般来说，具有科学的灾难意识，就能有准备的主动状态，从而采取防患于未然的实际行动。如平时是否准备应急物品、知晓应急躲避场所；有意识地观察灾害征兆；平时是否学习防灾减灾的基本知识等。有灾难意识的人群其心理反应相对会弱些，恢复起来也更快一些。

3. 受灾情况

灾难本身的强度和大小，个体自身的受灾影响，灾后个体的生活状况和后续生活压力，会对受灾人群造成明显不同的心理影响。

4. 灾难认知

对灾难的认知包括对灾难本身的认识，比如是否具备科学的灾难知识，能否客观的看待灾难的发生；对应激反应的认知，如是否有一些心理学常识，能否感知和把控自己的状态；对生命的认知，如何看待生死，是否能尊重生命、理解生命的意义等。

5. 社会支持

社会支持指一个人通过社会联系所能获得的他人在精神和物质上的支持。社会支持在创伤事件中起重要的调节作用。社会支持较低的个体患创伤后应激障碍的可能性明显更高。社会支持较高的个体心理应付能力明显更强。

二、灾后心理辅导干预教学模块

（一）干预方案的制订

灾后心理辅导干预方案的制订是开展具体心理干预工作的前提，心理咨询工作人员到达灾区后需要根据干预方案采取工作，避免盲目和混乱。心理干预方案包括以下四方面内容：

1. 心理干预的目的

及时控制、预防并减缓因灾导致的心理不良影响，促进灾后心理恢复，维护社会稳定，保障受灾人群的心理健康。

2. 干预原则

（1）以维护社会稳定为基础，最大限度地减少次级伤害。

（2）根据救灾工作的进程和部署，及时调整心理干预的重点。

（3）综合科学应用干预技术，为不同需要的受灾人群提供个性化、有针对性的服务。

（4）以人为本，保护受灾人群心理及个人隐私。

3. 干预方法

评估、干预、教育、宣传相结合，提供灾难心理辅导服务；尽量进行灾难社会心理监测，为救援组织者提供处理紧急群体心理事件的预警及解决方法；促进受灾人员心理干预社会支持网络的形成。

4. 干预人群

实施心理干预之前，要按照灾后心理反应分级，对目标人群的心理健康状况进行评估。根据评估结果把受灾人员分为重点人群与一般人群，针对不同人群的特点实施具体有针对性的心理干预。

（二）干预方案的实施

心理干预方案的实施一般包括以下六个阶段。

1. 确定对象

心理工作者要及时、主动地深入到受灾现场和受灾人群中去，与他们保持密切的接触，及时确定干预对象。如果确定一个人心理状态失控，处于危险中，就要运用心理急救技术及时进行心理干预，防止发生意外。

2. 建立信任关系

许多的心理咨询之所以未能成功，是因为在咨询过程中未能建立起信任的咨询关系。在灾后心理辅导的过程中，心理工作者与受灾者之间的信任关系至关重要。心理工作者需要语速平稳，语调坚定，语气柔和；主动介绍自己；尊重受灾人员的人格、价值观；接受受灾人员的现状，营造安全的氛围；对受灾人员实施积极关注。

3. 确定问题

心理工作者要通过耐心引导和倾听对方叙述，明确受灾人员身上究竟发生了什么事情，目前最困扰的是什么问题。运用积极倾听技巧让受灾人员畅所欲言，但不强迫谈论不愿谈及的创伤感觉和细节，避免重复强调创伤。引导关注现在，如受灾对自己生活产生的具体影响等。

4. 帮助对方正确认识灾害事件

在解决了受灾人员由于危机的冲击所致的强烈情绪反应后，下一个问题应集中在个体对事件的认知上来。在受灾人员描述经历灾难的过程中，引导对已经发生的事情和原因有更客观和正向的理解，增加受灾人员对外界的控制感，从而影响他们对灾害事件的处理和应对方式。

5. 建立应对策略

许多受灾人员出现心理应激的过度反应，都是由于缺乏正向的心理应对策略，采取了负面的防御方式。因此引导来访者对自己的应对策略进行认识，学习正向有效的应对策略，逐渐用积极的应对策略取代消极防御，真正地解决自身的问题。

6. 进行效果评价

灾后心理辅导过程中，心理工作者需要和来访者一同对每个阶段的干预效果进行分析比较，找出最适合的干预方案和最有效的干预方法，以尽量获得最好的效果。

三、灾后心理辅导效果评估教学模块

在心理干预的过程中，我们需要对心理恢复措施的有效性以及是否达到心理恢复的目标进行评估。这种评估不仅是心理工作者开展工作的依据，而且也是受灾者自我认识与成长的有效途径。

（一）效果评估的意义

对灾后心理辅导来说，心理干预评估十分重要。一方面，心理工作者可以通过评估不断调整心理干预的方法和策略，使干预能更加有针对性；另一方面，来访者则可以通过评估了解自己的心理特点和潜能，使自己得到更积极的发展。

（二）效果评估的内容

灾后心理辅导的效果评估主要包括：社会接纳程度、自我接纳程度与随访调查三方面的内容。

（1）社会接纳程度是指受灾人群的行为表现和与周围世界的适应情况。如学习或工作方面的表现，跟家人的相处情况，对问题的处理方式与能力等。这些表现可以作为远期效果的指标，判断其社会生活的适应程度。社会接纳程度评估，通常采用他人观察和心理工作者判断两种方法。通过家人、朋友、同事等，观察受灾者在家庭环境中所表现的思维、情绪与行为。心理工作者方面根据干预的目标与方向，就干预过程本身做出专业性的评定。如是否对自己的心理状况比较了解，具体采用何种应对方法来处理心理困扰等。

（2）自我接纳程度包括受灾者自述症状与问题的减轻或消除，以及性格方面的成熟情况。如个体是否会觉察自己的情绪变化，控制自己的冲动，抗挫折或打击的能力是否增加，应付困难所采取的措施是否比较积极有效等。自我接纳程度评估，主要是通过受灾者口头报告和量表评估两个渠道获取信息。首先依赖受灾者本身的主观报告，特别是精神症状是否改善，是否感到不再紧张或不再恐惧等，都要求个体本身来审查与描述。除此之外，也可以采用临床心理评定量表来检查其改变程度，了解个体在心理干预前后是否有显著差异，作为比较客观的心理干预效果评估指标。

（3）随访调查是指在心理干预结束之后，根据客观条件和双方的意愿，可进行3～6个月甚至更长期的追踪研究。通过回访、追踪研究，评价原来的干预诊断分析效果，如果问题依然存在或发现新的问题应该继续实施干预，并对以往的方法加以改进。随访调查的方法通常包括面谈、通信、追踪卡等，心理干预工作者可根据实际条件灵活选择。

（三）效果评估的时期

心理恢复的效果，通常是按照心理干预的进行由表及里、由浅入深逐渐表现出来的。在心理恢复的不同阶段，干预效果是不同的。心理干预的每一个时期目标是不同的，最初是为了让受灾人群体验到较多的幸福感，之后是症状得到缓解，最后是社会生活能力得以提高。

1. 初期的效果评定

心理干预在最初阶段时，一般很快可以观察到效果。主要为受灾者自觉状态得到改善，如焦虑、悲伤、忧郁、气愤等情绪状况，有比较显著的缓解。早期效果，主要是因为有了机会能倾诉，有了把过去所累积下来的烦恼或情绪压抑发泄出来的途径，从而感到心理上的舒适；同时受到心理工作者的支持、鼓励与安慰，心情振作起来；对心理工作者有信心，对将来产生希望等。需要注意的是，这种早期效果，多半是经过暗示而产生的短暂效果，往往不能持久，可能出现心理状况的反复。

2. 中期的效果评定

干预进行一段时间以后，早期干预带来的效果可能会有所反复，但逐渐会出现中期的效果：外显行为的改善。比如对亲人的态度好转，能听从朋友的意见和建议，对有意义的事情逐渐产生兴趣等。出现中期效果的主要原因得益于受灾者渐渐了解自己困难的所在，找到处理困难的方法，并开始调整自己的行为。这种效果可能是短暂的，上下出现波动，也可能是较长久性的，逐渐影响到性格，呈现后期的效果。

3. 远期的效果评定

后期的效果是指人格上产生变化。比如受灾者对人生的基本看法、为人处世的态度以及应对环境的行为方式等都开始变得成熟、积极。干预的效果若能达到这个地步，效果就维持得比较持久，可以对以后的生活产生正向的影响。

4. 远期的效果评定

心理恢复的效果评估不能仅限于心理干预期间和结束时，还要有远期疗效评定。可以通过随访评定心理恢复远期效果。观察受灾者的不适、症状和体征的消失程度，同时评定其社会功能恢复的程度。

（四）影响效果评估的依据

1. 心理工作者

心理工作者所受的专业训练和经验被整合在专业能力中，不同的工作人员在接受同样的训练后，所取得的心理干预效果是完全不同的。同时，工作人员的能力、个性品质、敏感性及其对受灾者的态度，对整个心理恢复过程和干预的效也有着重要的影响。

2. 受灾者

受灾者的文化程度、个性特征、本身的潜在适应能力、对工作人员的信任程度和期望水平等，对心理干预效果有明显影响。

3. 心理工作者和受灾者之间的关系

不同干预技术的理想关系侧重点各有不同，但双方关系的建立与否、是否达到理想状态都在很大程度上决定着心理干预的效果。

需要注意的是，在评估的过程中要加强心理测试的科学性、积极推行督导制、注重主客观评定相结合对于心理干预效果评定的方法，总的看法应该是客观而严格。必须应用现代科学的方法，主客观评定相结合，考虑到多种因素，不能随意夸大任何一个方面，也不能忽视任何一个方面。

第三节　灾后心理辅导典型教学方案

一、灾后心理诊断教学方案

在临床心理学中，成人和儿童的智力、人格、能力和各类偏常行为的测定工作等都属于心理诊断的范畴，因此以正常成人和儿童为对象的心理测量工作被称为广义的心理诊断。而作为精神病辅助诊断手段，对各种心理障碍进行确诊的测量工作被称为狭义的心理诊断。

（一）灾后心理诊断的定义

灾后心理诊断，是指在对受灾人群开展正式的心理干预之前，获取对方详细的基础资料信息，并将信息归类。通常信息可以归为正常或异常两类，同时推断出异常情况属于哪类心理障碍。通过灾后心理诊断，能对受灾人员的心理问题或障碍的形成、发展、严重程度以及对其他心理活动的影响有确切的判断，从而制订出符合受灾人员实际情况的干预方案，选择最恰当的干预技术和方法。

（二）灾后心理诊断的步骤

心理诊断是一个过程，包括四个步骤：

第一，明确心理诊断的目的。不同的目的需要用不同的信息收集方法或者测量工具。

第二，全面收集与个体相关的资料信息。通过直接或间接的方式尽可能地了解个体的基本背景资料，如身心健康史、与遗传有关的家族病史、家庭环境、重大生活事件等。可以通过会谈、观察、心理测验、个案分析等方法了解信息。

第三，综合分析资料、信息。首先，要对资料的真实性进行评估。只有保证资料尽可能的真实，才能避免在其他环节中出现不必要的失误。其次，要对资料进行分析和综合。分析和综合没固定的模式，但应遵循两个基本原则：① 整体性原则，即把受灾者放到其生活环境中考察，从多方面因素入手，在整体上把握和探讨其心理问题形成的原因；② 具体化原则，即在分析综合过程中要找到外显的表层问题和内隐的深层问题，尽可能地从质和量两方面做具体分析，为干预目标的建立与干预技术的选择提供基础。

第四，诊断与评估。通过对资料的分析综合，心理工作者可以初步判断受灾者心理问题的大致类型：比如是属于行为方面的、情感方面的，还是认知方面的。也有可能是以某方面问题为主，伴随有其他问题，如社交恐怖伴随焦虑抑郁等。确定问题类型后，还要分析问题是社会心理因素造成的，还是器质性因素造成的。只有找到真正的原因，才能对受灾者的行为做出准确的判断和解释，也才能有针对性地向其提供解决问题的方法或建议。

（三）灾后心理干预的工作方法

1. 掌握心理干预的判断原则

（1）主观与客观世界的统一性原则。任何正常心理的活动和行为，必须在形式和内容上与客观环境保持一致性。幻觉、妄想、自知力丧失或自知力不完整都是精神异常的表现。

（2）精神活动的内在协调一致性原则。人类的精神活动（知、情、意），是一个完整的统一体，它们之间具有协调一致的关系，这种协调一致性保证人在反映客观世界过程中的准确和有效。

（3）个性的相对稳定性原则。每个人在自己长期的生活道路上，都会形成自己独特的个性心理特征。这种特征形成后会相对的稳定，因此可以把个性的相对稳定性作为区分精神活动正常与异常的标准之一。

2. 定性受灾者的典型行为

部分典型的异常心理行为，具有诊断和鉴别意义。如抑郁与躁狂的交替发作，有助于躁郁症的诊断；明知不该的反复行为，但不能控制并且因此痛苦，是强迫症的典型症状；而如果有反复出现的评论性幻听或有被控制（被影响）的妄想，有思维鸣响、思维插入或思维被撤走以及思维广播等症状，则可能是精神分裂症的表现等。

3. 分析受灾者的自知程度

所谓自知，是指能否认识到自己的心理行为是异常的，以及对这种异常做怎样的解释。具有一般心理问题的人会出现失眠、不安、不思茶饭、情绪低落等心理行为异常，但他们能意识到这些问题的存在，也能分析其产生的原因，并希望通过一定的方法做出改变。而重性精神病患者则不同，他们往往认为自己的行为很正常，拒绝接受任何治疗，坚持认为自己的"幻觉"和"妄想"是真实存在的，并且对一些明显错误的行为不以为然。

4. 心理工作者的主要职能

心理工作者的主要职能是启发、引导、促进和鼓励，而不是提供现成的公式，具体包括以下几个方面：① 帮助受灾者正视心理危机；② 帮助受灾者寻求可能的应对和处理方式；③ 帮助受灾者获得新的信息和观念；④ 条件允许的话，可提供生活必要帮助；⑤ 帮助受灾者回避一些应激性境遇；⑥ 督促受灾者接受帮助和专业治疗。

心理工作者必须明确自己的工作范畴。有些问题即使和心理有关，但也不是心理干预所能解决的；有些问题心理干预可能只是起部分作用，想要达到理想的效果须寻求其他部门配合。

（四）灾后心理反应的正常异常区别

随着心理学知识的普及，很多人的心理安全意识不断得到增强。但由于受到各种因素的影响，人在突然遇到巨大灾害性事件时，会出现高度紧张，而容易把很多正常的应激反应误认为是精神疾病或者心理障碍的前兆。学会识别正常与异常的灾后反应，对于灾后幸存者和心理工作者有着重要意义。

1. 正常的应激反应

（1）情绪方面可能出现：恐惧担心（害怕灾害再次来临，或者有其他不幸的事降临在自己或家人身上）；迷茫无助（不知道将来该怎么办，觉得世界末日即将到来）；悲伤（为亲人或其他人的死伤感到悲痛难过）；内疚（感到自己做错了什么，因为自己比别人幸运而感到罪恶）；愤怒（觉得上天对自己不公平，自己不被理解也没有被照顾）、失望和思念（不断地期待奇迹出现，却总是失望）等。

（2）行为方面可能出现：脑海里重复地闪现灾难发生时的画面、声音气味；反复想到逝去的亲人；心里觉得空虚，无法想别的事；失眠、噩梦、易惊醒，没有安全感等。

需要再次强调，以上这些反应都是正常的。大部应激反应会随着时间的推移逐渐减弱，一般在一个月后，就可以基本重新回到正常的生活。像哀伤、思念这样的情绪可能会持续几个月甚至几年，但不会给生活造成重大影响。

可对于一部分人来说，持续存在的问题可能严重影响到个人的工作和生活，这就需要注意寻求心理工作者的支持，进一步诊断是否患有创伤后应激障碍或其他心理障碍。

2. 异常反应

（1）急性应激障碍（ASD）。急性应激障碍又称急性应激反应，是由剧烈的精神刺激生活事件或持续的困境引发的精神障碍。通常，在严重的精神刺激后会迅速（1h 之内）出现症状。最初表现主要包括：茫然、注意狭窄与意识清晰度下降；随后会出现强烈恐惧体验的精神运动性兴奋，且行为具有盲目性，或者为精神运动性抑制，甚至木僵。对周围环境感到茫然、愤怒，恐惧性焦虑或抑郁、绝望等，生理上同时会伴有心动过速、出汗、面色潮红等。这些症状往往在 24～48h 后开始减轻，一般持续时间不超过

3 天，最长不超过 1 周。

按照以往的统计数据，严重交通事故后，急性应激障碍的发生率大约为 13%～14%，暴力伤害后的发生率大约为 19%，集体性大屠杀后的幸存者中发生率为 33%。对于急性应激障碍来说，如果应激源被消除，症状往往很快消失，且愈后良好。如果症状存在时间超过 4 周，则被诊断为创伤后应激障碍。

非医学背景的心理工作者要注意识别及转介。除了根据临床表现外，还要用 ASD 诊断筛查表和 PTSD 诊断筛查表进行半结构式访谈。如果超出自己的工作范围，请及时转介。协助医生对受灾者进行心理疏导和心理治疗，协助社区工作者进行社会生活支持。

（2）创伤后应激障碍（PTSD）。创伤后应激障碍又称延迟性心因性反应，是指突发性、威胁性或灾难性生活事件导致个体延迟出现和长期持续存在的精神障碍。其临床表现以再度体验创伤为特征，并伴有情绪的易激惹和回避行为。简而言之，创伤后应激障碍是一种创伤后心理失衡状态简称 PTSD。

PTSD 通常在创伤事件发生一个月后出现，但也可能在事发后数月至数年间延迟发作。根据发生的时间，通常把 PTSD 分为三种类型，即病期在 3 个月之内的称为急性 PTSD；病期在 3～6 个月的称为慢性 PTSD；病期超过 6 个月的称为延迟性 PTSD。

PTSD 的典型症状包括：闯入性症状、回避性症状和激惹性增高症状。儿童与成人的临床表现并不完全相同，儿童更多地表现为经常从噩梦中惊醒、在梦中尖叫，也有的表现为头痛等躯体症状。值得注意的是，PTSD 会阻碍儿童日后独立性和自主性等健康心理的发展。即使是成人，PTSD 的症状也会带来极大的痛苦体验。

（3）灾后的次级心理危机。受灾者人群身上还可能出现因灾导致的次级心理危机，常见的有以下症状：

1）过度活跃。开始时，可能是因为相关事件的出现促使受灾者过度活跃，后来慢慢演变成为一种生活或工作习惯。这种情况很容易发生在灾区工作的专业救援人员或志愿者身上，有些人可能变成工作狂，积极帮助他人，长时间处于高度紧张状态或兴奋状态。但因为对自己设置的期望过高，这些工作人员会很快陷入一个恶性循环，投入的越多，越觉得自己付出的还远远不够，自责感和负罪感会越发的强烈，随之会更多地付出，直至自身无法承受压力。

2）过度感同身受。幸存者会出现对逝去的人过度认同的情形，可能表现出和死者相同的人格特质、习惯、姿势、活动甚至疾病。这些特点可能是严重忧郁的表现，需要经验丰富的心理工作者介入处理。

3）关系危机。个人的心理如果不稳定，会影响到相关的社会关系，配偶和家庭关系。有研究表明，受灾人员的离婚率比普通人群要高出三到四倍；很多人对亲密关系失去兴趣；也有很多人开始沉溺于宗教，寻求寄托。

4）物质滥用。为了协助受灾者身体和心理的康复，有些医生会开出配合治疗的药物。但是，这些药物也可能会起到另外一个作用，让受灾人员变成药物滥用者。为了逃避现实给个人心理带来的创伤和压力，有些受灾者会借助酒精和药品的麻醉作用成为药物滥用。有调查统计表表明，灾后药物滥用现象会成倍激增。

5）攻击行为。灾后幸存者可能出现无法排解的内心孤独、悲伤等消极情绪，找不到生命的正向动力。这样的绝望和无助心情可能造成对自己和他人的攻击行为出现，导致自伤自杀、家庭暴力等攻击行为。

6）抑郁等精神疾病。灾后心理应激反应如果不能正常地消退，就很容易引发心理创伤的次级危机。如果受灾人群自觉已出现痛苦难受不能自拔的症状，需要立即接受专业的心理治疗。

需要特别注意的是，任何一种次级危机症状如果没有得到及时有效的诊治，都有可能会发展成为自杀事件。所以心理工作者要细心留意受灾人群，敏锐捕捉重要信息。如果发现有自杀的征兆要及时联系相关部门，做出适宜处理。

二、个体心理治疗教学方案

（一）灾后个体心理辅导的要求

灾后个体心理辅导尽管有其特殊性，但总体还是以心理辅导和咨询为基础的。在开展灾后个体心理辅导的过程中有以下三点要求。

1. 严格保护受灾者的隐私

即心理工作者必须对谈话内容严格保密，不能将受灾者的信息随意透露给任何人和单位。充分考虑到受灾个人的利益和隐私，避免其受到二次伤害。尤其是灾后的报道等，在未得到受灾个人的同意之前，不向他人谈及其问题、不允许接触其心理档案、不将其心理测验结果告知他人等。

需要注意的是，保密并不是绝对的，当出现特殊情况，就如受灾者有自伤或伤害他人的意图时，心理工作者应迅速与其家属、朋友和相关部门联系，避免悲剧的发生。总之，一切以受灾者的最大利益为目标。

2. 相信受灾者具备自我恢复的潜能

从理论上讲，大的灾难对受灾群众、救灾人员乃至全社会都会产生极大的心理冲击。灾难发生后，大部分人能够在没有专业人员帮助的情况下自愈心理创伤；但是也有少数受灾者会产生一定程度的心理问题，并可能长期持续。无论我们的受灾者经历了多么可怕、多么悲惨的经历，心理工作者要相信他们每个人都有自我治愈的能力，只是可能程度各有不同。

作为心理工作者要协助受灾者去面对、分析自己的问题，学会正视所发生的灾难，并将自身的潜能充分地发挥出来，带着伤痛继续生活，去帮助身边更多需要帮助的人，在这个过程中实现受灾者的心理自我恢复与自我成长。

3. 及时转介

当心理工作者无法帮助受灾者时（如心理工作者欠缺对特定问题的专业训练或干预经验，心理工作者与受灾者的个性不协调，心理工作者对受灾者的价值观念或某些信息特别敏感忌讳等），在征求受灾者同意后，需将他及时转介给别的心理工作者或其他的心理救助机构。

在转介的过程中要注意：第一，转介并不是心理工作者的无能，而是心理工作者高度的责任感和良好职业道德的具体体现。第二，转介应该征得受灾者的同意，并说明转介的原因。心理工作者要慎重处理受灾者的情绪，防止对受灾者造成伤害或负面影响。比如不能说"你的问题很严重我无能为力"或"你的问题我从没碰到过，还是找其他人吧"这种容易引起受灾者的猜疑和压力的话。可以说，"你的情况我已了解，我想介绍一位对此很有经验的专家……"第三，转介时要推荐转介单位或专家，并帮助受灾者填写转介单，向下一位心理工作者介绍受灾者的相关情况。

（二）灾后个体心理辅导技术的选取依据

由于每个人都是独立的个体，对灾难性事件的心理承受能力也存在着巨大的差异，因此心理工作者在心理干预的过程中要依据不同标准，选取合适的心理治疗和干预技术。

1. 根据灾后心理反应阶段选取心理辅导技术

灾后人员的心理应激反应包括不同的阶段，在不同阶段要采取不同的心理干预技术。

（1）回避期的心理辅导技术。在灾难发生 1 周以内，受灾人员对突然发生的灾难性事件感到震惊，情绪大多处在恐惧与焦虑之中，此时人们的安全感、控制感、信任感极度降低。因此这一时期的重点是建立受灾人员的安全感。可运用的技术主要为稳定化技术与支持性干预技术。

（2）面对期的心理辅导技术。在灾难发生 1 周到 1 个月左右的时间，受灾人员主要表现出对失去事物的哀悼，并渐渐接受灾难发生的事实。在这个阶段，可以继续使用稳定化技术，同时对有失去亲人的受灾人员采用哀伤咨询与辅导技术。

（3）适应期的心理辅导技术。灾难发生 1 个月后，受灾人员需要的是与原来正常生活的重新联结。大多数人已经可以投入到重建家园的工作与生活中去，灾难对他们的影响慢慢减小，身心得以康复。但也有一些人员的正常社会功能会受到灾难事件的影响，患上 PTSD 等心理障碍。在此阶段，主要可运用放松训练、认知行为治疗等技术。

2. 根据灾后心理群体特征选取心理辅导技术

在应用灾后心理恢复技术时，不同群体的技术重点要各有侧重。

（1）不同年龄者的心理辅导技术选取。对年龄小，不能用语言清晰表达的人员，适合采用投射性质的心理技术，如绘画、沙盘等。

对处于青春期的青少年，可以增强其参与感，对其进行团体小组式的心理干预模式。

（2）不同文化水平者的心理辅导技术选取。文化水平会影响一个人的思维和认知能力，对文化水平较高的人可采用认知行为疗法，对文化水平较低的人可采用叙事疗法、暗示疗法、行为或生物反馈等治疗技术。

（3）不同身份人群的心理辅导技术选取。对于救援人员，由于他们夜以继日地投入救灾，除了体力透支，目睹一些可怕的景象，会使他们的心理受到强烈的刺激，产生恐惧心理或过度忧伤忧虑，可采用情志相克技术。

对于遇难者家属，由于他们大多处于悲伤、迷惘、孤独、悲痛的情绪之中难以自拔，可采用心理支持技术、疏导技术和倾听技术进行心理救助。

对于其他相关人员，包括心理救助人员、医务工作者、遇难者同事、记者、志愿者等在灾害现场的人员，他们也会出现焦虑、不安和恐慌等，可采用放松技术和冥想静心技术进行心理救助。

3. 根据心理救援团队的力量选取心理辅导技术

（1）根据参与心理救援的团队资源进行心理干预技术。当心理救援工作团队人员相对较少，而需要救助的人很多时，可首先选择团体心理辅导的方式。当心理救援团队资源丰富，人员齐备时，或者在团体辅导后，筛查出一些心理问题比较严重的人，这时可以选择个体心理干预技术帮助受灾人员。

（2）根据心理救援工作者自身的专业取向选择心理干预技术。心理工作者本身的技术特长不同，有的擅长认知行为疗法，有人擅长积极心理剧的方法，有人擅长沙盘或绘画的方法等。在灾后的心理干预时，也应考虑心理工作者的专业取向，扬长避短，选择最合适的治疗方法和技术。

三、团体心理辅导教学方案

团体心理辅导是相比一对一的个体心理辅导而言的。它是一种在团体的情境下，为成员提供心理帮助与指导的心理辅导形式。即以团体为对象，运用适当的辅导策略或方法，通过团体成员的互动，促使个体在人际交往中认识、探讨、接纳自我，调整和改善社会关系，学习新的态度与行为方式，增进适应能力，以预防或解决问题，并激发个体潜能的干预过程。

灾后团体心理辅导通常包括一名领导者，他在辅导中负责带领和把握团体走向；助手 1～2 名，协助团体领导者开展活动。如果有个别参与者情绪激动或出现其他突发情况，助手需要将该参与者带离活动场所，给予及时的关注和安抚。团体辅导的规模没有固定标准，可以根据具体的类型、需求人数、场地大小等因素综合考虑。少的可以是 3～5 人，多的可以是 10 人或者几十人。

（一）灾后团体心理辅导的特点

1. 灾后团体心理辅导的优点

与个体心理辅导相比较而言，灾后团体心理辅导主要有以下优点：

（1）适用面广。既可以针对具有共同心理问题的 10 人左右的小组（如"哀伤治疗团体辅导"小组），又可以针对几十人的发展性群体（如"缓解紧张情绪"辅导小组）。

（2）耗时短，效率高。在灾后心理工作人员数可能不足的情况下，团体心理辅导不但能缓解人手不足的矛盾，并且在资源有限的前提下，可以为更多的需要者提供专业的服务。同时，受灾人员在团体中接受辅导也有间接学习的价值，成员们既有机会听到和自己类似的忧虑和痛苦，也可以通过了解他人看待问题的角度和解决问题的方法而受到启发，有利于自我成长。

（3）形式多样。团体辅导的形式灵活，生动有趣，有利于吸引受灾者积极投入，辅导过程中，每个成员既是"受灾者"又是"助人者"，可在有引导的相互影响和支持中多视角地学习，有理论、有实践、有体验、有分享，获得多重的反馈，多维度地了解自己、洞察自己，从而促使其心理与行为的改变。

（4）效果稳固。团体辅导为成员创造的交流机会，类似社会生活情境。在充满安全、支持、信任的团体气氛中，通过交流、示范、模仿、训练等方法，成员彼此提供行为示范，进行仿效性学习。团体中他人的建议、反映和观点往往是很有价值的，成员间能够有更多的机会听到别人对自己的看法。因而，团体的反馈比个体咨询更有感染力和冲击力，能够更有效地改变成员的不良行为、发展适应行为。如积极的自我暗示、放松减压等。如果成员在团体中体验到这些改变的意义和价值，那么这种改变就会很容易被迁移到他们的现实生活中。

2. 灾后团体心理辅导的局限性

灾后团体心理辅导与个体心理辅导相比起来，最大的问题是参与成员的个体差异难以照顾周全。人类行为有许多的共同特征，但对于同一刺激，各人的反应仍会各不相同。受灾人群的心理表现也明显呈现出因人而异的特点，即使将人群进行了尽量归类的划分，比如遭受同样的丧失痛苦等，但因成员家庭背景、生平经验、年龄、性别、人格特质、兴趣、职业、教育程度、价值观等的不同，对灾后心理辅导的作用也会表现出明显的个体差异。有人特别愿意与他人分享和讨论自己的经历和感受，在团队中积极配合领导者的引导；有人则担心在团体中自己的隐私可能会无意中泄露，受到其他的伤害，他们往往会对团体持怀疑态度，在讨论交流环节会显得被动消极，甚至抗拒。领导者只能敏锐地观察到这些个体差异，才能在团体活动的不同环节给予适宜的关注和引导。但是，在有几十个成员的大团体辅导中，领导者对于成员的个体差异很难做到全面的照顾，团体活动中的一些成员重要信息也可能会被领导者忽略，有些成员的特殊需求没有得到领导者的重视或反馈，可能挫伤成员的参与积极性，而使团体活动的效果大打折扣。

（二）灾后团体心理辅导的主要内容与类型

1. 灾后团体心理辅导的主要内容

灾后团体心理辅导的主要内容包括以下四个方面：

（1）了解症状，使非正常状态下的反应正常化。

（2）获得团体的支持、关爱，接受和面对灾难性事件带来的困扰和痛苦。

（3）提供情感支持，稳定情绪，增强组员的安全感。

（4）搜集信息，探寻解决问题的办法，增强对外界的控制感。

2. 灾后团体心理辅导的类型

在灾后的心理干预过程中，常见的团体心理辅导类型主要有三种：教育性团体心理辅导、支持性团体心理辅导和治疗性团体心理辅导。

（1）教育性团体心理辅导主要是通过提供不同主题，引导成员展开讨论，帮助灾后人群度过急性的痛苦期。如"震后的压力应对"团体辅导，帮助成员认识震后的各种压力反应，并提供关于应对压力的认知方式与实用技能。

（2）支持性团体心理辅导主要是由具有相同经历的成员组成，如灾后致残者、孤儿和亲人失去联系者、一线救援者等。通过团体成员之间的真诚交流，分享彼此的体验和思想，有助于成员找到归属感，得到心理慰藉。

（3）治疗性团体心理辅导主要是通过团体特有的治疗因索，如团体成员间的支持、关心、情感宣泄等，进行心理治疗的辅导方式。与前两种团体相比，治疗性团体一般持续的时间较长，所处理的问题也比较严重，如灾后严重的睡眠障碍、酒精和药物依赖等问题。

（三）灾后团体心理辅导的功能

1. 培养和强化安全感、归属感

面对灾难，人们通常会产生害怕和无助，严重缺乏安全感。害怕自己会孤单一人面对一切；担心灾害会再次发生；害怕自己会崩溃等。许多人往往把自己的问题看得过于严重和独特，认为自己是"天下最不幸的人"。通过团队成员之间的交流，他们发现自己其实跟别人一样，遇到了共同的灾难和问题，不必将自己当成另类，身心由此得以放松。另外，通过其他成员的回馈，能了解他人对自己的看法，更好地认识自己。因此，通过小组交流分享，成员会对自身和环境形成客观的认识，进而增加自我安全感和归属感，重获对生活的信心和希望。

2. 宣泄创伤情绪

灾难过后，有的人身体残疾，有的人失去亲人，有的人流离失所。人们心中大量积聚负面情绪。宣泄这些创伤情绪可以帮助受灾人群尽快恢复内心的平静。团体辅导营造安全、温暖、真诚的环境，使成员宣泄情绪不用担心被他人嘲笑，还能得到他人的关心和安慰。另外，通过与其他成员分享创伤和消极情绪，能充分表达自己的感受和体验，不仅能使不良情绪得以宣泄，而且还有助于问题的解决，促使成员与他人的沟通、相互支持和鼓励、学习和成长。

3. 获得社会支持

社会支持，是个体通过正式或非正式的途径与他人或群体接触，并获得自我价值感、物质、信息和情感支持。

经历灾难性事件之后，能否充分调动社会资源，发挥社会支持系统的作用，对于受灾者的心理康复至关重要。有研究证实，社会支持具有缓解压力和直接影响身心健康和社会功能的作用。在团体气氛的影响下，成员之间会建立良好的社会互动，相互分享，彼此支持进而找到被他人接纳的感觉，并开始努力尝试去接纳别人。在相互接纳的过程中，容易找到归属感和认同感，进而能重新燃起解决问题的希望，积极面对生活。同时，小组成员不同的社会背景与经验，能对问题的解决提供丰富的参考意见和信息，帮助成员更好地利用资源，获得社会支持。

4. 发现需要个别干预的对象

根据团体心理辅导过程中成员的综合表现，经验丰富的领导者可以及时识别出需要个别心理干预的对象。根据观察，识别出有明显创伤后应激障碍等心理障碍的人群，领导者可以主动进行沟通，进行个别干预，了解更详细的情况，做出科学诊断。如需进一步接收咨询辅导，就要做好转介的相关工作。